卷首语

2006年国家关于房地产业的宏观调控新政出台后，对全国房地产界震动很大。

"国六条"后小户型的解决之道在哪里？

是开发商对付政策的"捆绑销售"？

是设计师绞尽脑汁的空间变幻？

是消费者消费观念的改变？

其实，解决之道更关键的是从国家、城市整体资源的合理利用和社会的可持续发展观念进行考虑。

本期《住区》采用与《地产评论》合作的方式，联手推出"国六条背景下的小户型探讨"的主题。我们一方面探讨概念层面的问题，另一方面深入报道操作层面的问题。

首先，我们从两个市场调查进行报道：一个是国家住宅与居住环境工程技术研究中心关于"我国城镇住宅实态调查结果及住宅套型分析"，另一个是世联地产顾问(中国)有限公司研发中心在全国四个大城市（北京、上海、广州、深圳）做的关于"国六条背景下的客户置业意向调查报告"。

其次，在目前国内研究小户型资料和经验很有限的情况下，《住区》特别推荐香港房屋委员会介绍最新的小单位住宅的文章。该小单位住宅只有14m²，供1~2人家庭租用，新的小单位贯彻了"实而不华"的公屋设计基本原则，同时使用"通用设计"、"可持续发展"、"健康生活"的概念，提升居住的适居性和实用性，可供内地借鉴。《住区》本期还介绍一些国外的成熟研究成果，如"论日本集合住宅设计发展——从nLDK到解体nLDK"以及"挪威的小户型住宅及消费引导"，为我国在住宅政策、机制和消费引导等方面提供可借鉴的经验。

关于小户型和低收入群体的住房解决机制问题是一个长期的话题，因此《住区》特别推出"社会住宅"的专栏。"社会住宅"栏目邀请到德国斯图加特大学研究社会住宅的专家Gerd Kuhn博士作栏目主持人，我们通过这个窗口可以对其他国家和地区的住宅和城市建设进行了解，以利我们的发展。

最后，欢迎每一位读者都参与到《住区》的讨论中，有了您的声音，我们的报道就会更丰富和多层面。

图书在版编目（CIP）数据	开本：965X1270毫米1/16　印张：7/2	利丰雅高印刷（深圳）有限公司制版
住区.2006年.第3期/清华大学建筑设计研究院等编.	2006年10月第一版　2006年10月第一次印刷	利丰雅高印刷（深圳）有限公司印刷
—北京：中国建筑工业出版社，2006	定价：36.00元	本社网址：http://www.cabp.com.cn
ISBN 7-112-08651-5	ISBN 7-112-08651-5	网上书店：http://www.china-building.com.cn
I.住…Ⅱ.清…Ⅲ.住宅-建筑设计-世界	(15315)	版权所有　翻印必究
Ⅳ.TU241	中国建筑工业出版社出版、发行（北京西郊百万庄）	如有印装质量问题，可寄本社退换
中国版本图书馆CIP数据核字（2006）第111012号	新华书店经销	（邮政编码 100037）

目录

特别策划　Speical Issue
"国六条"背景下的小户型探讨
In-depth Report：Investigation of Small-Sized Housing under the 'State's Six Points'

住区调研　Community Survey　　　　　　　　　　　　栏目主持人：周燕珉

10p. 我国城镇住宅实态调查结果及住宅套型分析　　　　何建清
Analysis of Dwelling Size Based on the National Urban Housing Survey　　He Jianqing

16p. "国六条"背景下的客户置业意向调查报告　　　　王海斌　刘新宇
Report on the Housing Purchase Intent Survey under the 'State's Six Points'　Wang Haibin and Liu Xinyu

主题报道　Theme Report　　　　　　　　　　　　　"国六条"背景下的小户型探讨

23p. 小空间、高效能　　　　冯宜萱　卫翠芷
——香港房屋委员会最新型的小单位住宅　　Feng Yixuan and Wei Cuizhi
Small Space with High Efficiency
The Latest Small-sized Housing by Hong Kong Housing Bureau

28p. 挪威的小户型住宅及消费引导　　　　王　韬
State Advocating on Small-sized Housing in Norway　　Wang Tao

32p. 论日本集合住宅设计发展　　　　叶晓健
——从nLDK到解体nLDK　　Ye Xiaojian
The Development of Collective Housing Design in Japan
From nLDK to Dismantled nLDK

42p. 我国住宅套型及其量化指标的演变　　　　林建平
The Development of Housing Layout and Its Quantitative Index in China　　Lin Jianping

46p. 90m² 小户型设计的可行性探讨　　　　周燕珉　杨洁　林菊英
A Study on 90m² Apartment Design　　Zhou Yanmin, Yang Jie and Lin Juying

54p. 趣园何以"识趣"？　　　　叶　光
——花样小户型　　Ye Guang
Diversity of Small-Sized Housing

58p. 我住故我思　　　　李　莉　王新征
——"小户型"概念发展及需求变化　　Li Li and Wang Xinzheng
I Live, therefore I Think
The Development of 'Small-sized Housing' Concept and the Change of Housing Needs

60p. 功能模糊与空间复合　　　　于　伟
——一个标准大一居的改造实践　　Yu Wei
Ambiguity of Function and Integrity of Space
Renovation of a Two-room Apartment

住区
COMMUNITY DESIGN

CONTENTS

住宅研究 Housing Research

3p. 田园城市理论的思想渊源 张勇 史舸
An Intellectual Retrospect of Garden City Theory — Zhang Yong and Shi Ge

8p. 住宅设计：在理念与愿望之间 武昕
Housing Design: Between Concepts and Wishes — Wu Xin

4p. 美英混合居住模式的实践与经验 田野 张磊 鲍培培
The Practice and Experience of Housing Heterogeneity in the US and the UK — Tian Ye, Zhang Lei and Bao Peipei

绿色住区 Green Community
栏目主持人：何建清

0p. 德国住区太阳能供热技术应用规划设计实例 何建清
Applications of Solar Energy Heating in German's Housing District Design — He Jianqing

8p. 发生在都市边缘的改造与新生 田磊 刘向东
——荷兰KCAP建筑规划设计公司住区实践
Renovation and New Development Happening at the Urban Edge
Housing Design Practice of KCAP, the Netherlands — Tian Lei and Liu Xiangdong

大师与住宅 Masters and Housing

4p. 《建筑模式语言》与赖特的小住宅 彭蕾
Pattern Language and Wright's Small Housing — Pei Lei

地产视野 Real Estate Review
栏目主持人：楚先锋

4p. 过剩就是浪费 楚先锋
Surplus Is Wasting — Chu Xianfeng

社会住宅 Social Housing
栏目主持人：Dr. Gerd Kuhn

8p. 德国福利住宅发展历史及特征 Dr. Gerd Kuhn
Welfare Housing Development in German and Its Characteristics

海外视野 Overseas Review
栏目主持人：范肃宁

4p. Office dA 的建筑实践 范肃宁
Architectural Practice of Office dA — Fan Suning

封面：Office dA建筑事务所托莱多住宅

联合主办：中国建筑工业出版社
清华大学建筑设计研究院
编委会顾问：宋春华 谢家瑾 聂梅生
编委会主任：赵晨
编委会副主任：庄惟敏 张惠珍
编委：（按姓氏笔画为序）
万钧 王朝晖 白德懋
伍江 刘东卫 刘晓钟
刘燕辉 朱昌廉 张杰
张守仪 张颀 张翼
林怀文 李元振 陈一峰
陈民 金笠铭 赵冠谦
胡绍学 曹涵芬 董卫
薛峰 戴静
主编：胡绍学
副主编：薛峰 张翼
执行主编：戴静
学术策划人：饶小军
责任编辑：戴静
美术编辑：付俊玲
摄影编辑：张勇
海外编辑：柳敏（美国）
张亚津（德国）
何崴（德国）
孙菁芬（德国）
叶晓健（日本）
编辑部地址：深圳市福虹路世贸广场A座1608室
编辑部电话：0755-83440553
编辑部传真：0755-83440553
邮编：518033
电子信箱：zhuqu412@yahoo.com.cn
发行电话：021-51586235 徐浩
发行传真：021-63125798

特别策划
Speical Issue

"国六条"背景下的小户型探讨
In-depth Report: Investigation of Small-Sized Housing under the 'State's Six Points'

- 庄惟敏：就目前国内城市住宅理论与实践架构来看，其有关科学合理标准及基础理论的研究，特别是结合人类居住模式和居住空间与行为特征相关性的研究相当匮乏。作为设计师、规划师、城市建设者以及发展商在内，都有义务和权力来研究适合我国城市居民的带有普示性的经济适用房和廉租房的标准。

- 范小冲："国六条"不仅对房地产业的影响非常大，甚至对目前中国的城市化发展进程，城市居民消费方式都将产生深远的影响。

- 黎振伟：豪宅的房价指数和大众住房的房价指数本来就不应该捆绑在一起。

- 王昀：空间是可以被塑造的，但不能简单地划分为几室几厅，人的可塑性比空间的可塑度要高，这就是问题的解决之道。

- 李耀智：香港开发商在户型、园林、会所等小区配套上做足了功课，利用公共空间的优势来弥补私人空间的不足。

- 肖峰：开发商绝不敢轻易尝试建设两个模式一样的楼盘。

- 赵军：仅靠单个开发商通过自己的模块化、标准化是引发不了产业革命，包括万科也引发不了，只能算是领跑。

- 赖利新：小户型的精髓在于精巧实用。

庄惟敏　清华大学建筑设计研究院院长

"国六条"出台后,对全国房地产震动很大,北京的开发商按兵不动,有两个方面原因:第一是看政策方面会有哪些变化和调整,另一个方面是没有一个好的对策。

"国六条"的提出在宏观的层面上是合理的,是从国家、城市整体资源进行考虑。

首先谈谈政策层面的问题。

对比其他国家和地区,如新加坡、日本、香港以及欧洲一些国家,面向中低收入的小户型也就是我们说的经济适用房和廉租房,其建设大多是由国家来承担的。因此现在与其出台各种政策来约束发展商该怎么做不该怎么做,其实不如将小户型(经济适用房和廉租房)完全收为政府来做。这是政策层面的大事情。

政府要做的是组织专业人员来确定政策的标准要划在哪里?也就是说:什么样的属于小户型?即经济适用房和廉租房范畴、标准和建设策略,这些应是政府考虑的层面。若将其置于市场中发展商的运作范围内,则无疑会因发展商利益的追逐而失去了"经济适用"的原则。

"国六条"让大家迷惑的一点是:什么是经济适用房?什么是小户型?很多焦点问题出现了,建筑面积90m²是小户型?还是套内面积90m²?公摊怎么算法?显然,所有的关键点都集中在标准的确定上,如果我们能够研究出一个客观合理相对科学的指标,并以此来划定标准,在这个指标下的住房,由政府来承担,那么一些政策层面的问题就迎刃而解了。这种"公房"制度,香港已经实施了很长时间,值得我们借鉴。

就目前国内城市住宅理论与实践架构来看,其有关科学合理标准及基础理论的研究,特别是结合人类居住模式和居住空间与行为特征相关性的研究相当匮乏。作为设计师、规划师、城市建设者以及发展商在内,都有义务和权力来研究适合我国城市居民的带有普示性的经济适用房和廉租房的标准。

制定科学合理的标准应注重国民收入结构、支配的能力以及国家宏观的经济政策和社会资源的整合。这样研究的结果就会带来我们大政策的调整,也许那时候划定的标准并不是90m²一刀切。

第二个问题是:在目前"国六条"指标的前提下,设计师应该怎么做?

建筑师面对小户型应该寻找一个设计的策略。

很多发展商包括设计师在内都认为,上有政策下有对策。对策就是把两个小户型一拼,设计师的任务就是研究如何把墙打掉;而发展商想的是捆绑销售。其实把墙拆掉这种做法在80年代就有,现在成为针对"国六条"的一个对策,这个不足取,也不是解决问题的办法。

研究小户型的设计出路还是要从人的居住行为特征出发。在日本的公房或者公寓里,空间面积不大,50多平方米,给人感觉却很舒适,体现了人文关怀,这是日本政府、设计师以及开发商真正研究了人们在居住中的行为特征,尤其是研究本民族的生活起居习惯,比如很小的一个空间也可以分出和室、洋室和门厅。因此在这样一个小空间的研究中我们是否可以按照人们生活特征、行为模式来探讨一种适合我国的户型及面积标准呢?

如果将问题更加简单明了,那就是我们国家的居民要满足一般的日常生活的居住到底要多大的面积。看起来这个问题很简单,90m²的面积居住舒适与否?120m²或150m²居住较90m²户型为何舒适?普通的居民很难回答这个问题,在他的概念中只是大面积的住房比小面积的住房多了房间,但究竟舒适在哪里?是因为面积和房间增加了还是人们的活动模式更自由、选择的余地更大抑或纯粹是一种心理的满足?这些问题的确是非常值得深入地研究。

比如,现在住宅的起居室、主卧室的面宽尺寸到底多大合适?这不仅仅是个量化的问题,它既牵涉到居住行为的舒适度的心理指标,同时也牵涉到住宅建设的土地利用问题。两个指标之间的巨大跨度所带来的思考的困难,使得政府、设计师、发展商和老百姓不能在一个语境中讨论问题,这的确是我国当前住宅建设领域中面临的最大问题。很显然建筑师能做的应该是以科学的态度来对那些基础的指标进行细致的量化研究。

现在的楼盘都比着来做,一开始主卧室面宽为3.6m,后来做到3.9m、4.2m甚至5.1m,曾经一个楼盘主卧室的面宽竟做到7m多的,大面宽浅进深是对土地的极大浪费。

从这个角度来讲,我们要研究的就不仅仅是一个面积问题。

住宅领域值得研究的问题还有很多,比如南北城市差异问题。我们地域辽阔,南北城市由于地域差异,其户型设计也不一样。在南方同样面积可以做到居室数比较多,90m²可以做成3居室,在北方城市很难做出来,为什么做不出来,这需要研究,这不仅仅是一个习惯的问题。比如北京,尽管人们都想要南北向、浅进深、大面宽,但在日照间距严格的情况下(北京的日照间距是1:1.7),同样的土地面积北方的出房率要比南方低,因此节地变成一个更加主要的矛盾。因之而采取的方式通常是小面宽、大进深。而南方住宅由于地理气候和居住习惯,其通风的因素变得更加重要,小进深的住宅广受欢迎。很显然小面宽大进深要想在90m²的面积内做出都具有采光通风良好的多居室的户型是非常难的。在大进深情况下为了满足房间采光通风的要求,设计师会通过平面凹槽的方式来解决,凹槽过多会带来外表面积的增加,对节能不利,这些矛盾造成南北方的差异确实需要设计师细化研究。

其实不妨从地域的角度考虑问题,建筑结合气候,在住宅建筑中应大力发展生态技术。我们一直在想小户型的出路在哪里?就这个层面来说它还有很多的潜力可挖。

"国六条"的出台,应该说一方面带来了震动和制约,另外一个方面也给了设计师一个机会,一个再重新整合房地产设计市场并对住宅设计领域重新思考的机会。应该说建筑设计过程是一个在约束条件下不断解决问题的过程,所以说约束多了对设计师而言并没有什么质的变化,设计终归是要解决问题的。

我们要研究住宅的问题确实非常多,而且住宅问题是变化的,它随着国家经济发展情况、现在的市场情况和我们居住的行为状态而变化。

如果说第一步对面积研究和划定是政策问题,那么在面积标准划定后第二步就是建筑师如何在这个面积指标的约束下,进行适合我国居民居住方式的设计问题。事实上,这两个问题建筑师都是脱不了干系的。

除了政策层面和设计层面的问题,还有一个关键问题就是住宅消费导向问题。

前一段时间有人置疑,为什么我们的政府要鼓励所有的国人都要拥有自己的房子?这是一个带有社会学意义的问题。目前的情况是政府鼓励所有人,包括刚工作的年轻人,在领到第一月工资时就想买自己的房子,其实在国外并非如此。如果我们每个人都想拥有自己一套房子的话,也许在某种程度上说是一种产销的失衡,或者是一个整体资源的失衡。

国家让绝大多数的人可以住得起房子,住得起房子并不是要占有产权,可能有相当一部分是国家提供的廉租房,这是国家的一个大政策问题,是国家的资源整合的过程。

现在我们住宅消费市场本身并不成熟,这是为什么出台"国六条"后有些地方的房价还是抑止不住。在观念上每一个人都要拥有自己的一套房子,甚至还是大房子,房子的面积大小作为一种消费的标志,面积成为一种符号,就像汽车成为身份的标志一样。这是一个非理性的消费过程。所以另一个不容忽视的问题就是,我们在研究国家政策和户型设计的同时,也要培养消费群,消费群也需要指导。

所以针对目前动荡的房地产市场,首要的是要厘清思路,而后各就各位,政府领导官员要研究政策问题;专业人员如建筑师、规划师、住宅设计的专家来研究设计及其细节问题;发展商要正确引导消费。

最后是专业媒体的责任问题。专业媒体要分层次来报道分析和解释"国六条"。我们现在主要谈的是概念层面的问题,另一个还有操作层面的问题。但至少我们的专业媒体有责任和义务在目前国内研究小户型资料和经验很有限的情况下介绍一些国外的成熟研究成果,从整体规划到小户型的设计,以及POE(后评估)等阶段的研究,并与国内进行对比,做到我们在建筑规划层面有话语权。

范小冲 阳光100常务副总经理

"国六条"不仅对房地产业的影响非常大,甚至对目前中国的城市化发展进程,城市居民消费方式都将产生深远的影响。

首先,新政的90m², 70%两道"刚性策略",从建筑结构和宏观比例的规划上,直接控制了房地产业上下游的生态发展链。许多房地产企业必须面对的最严峻的事实是:企业一贯的目标市场、目标客户群以及项目开发方式必须结合新政发生巨大的甚至颠覆性的改变。如何重新准确定位企业的上下游目标市场、探测市场环境、成功因势转型是房地产企业目前的新抉择。这实际上是房地产项目开发模式的新一轮竞争,而非目前热烈探讨的"小户型产品设计"之间的竞争。

其次,房地产业新政也对城市的发展进程产生积极控制和深远影响。中国目前的城市化率已达到42%~43%,但是西方成熟发达国家的城市化率目前已经达到90%。推行以90m²为主体的小户型地产规划,是满足中国日益增大的城市化的必然选择,同时也有效抑制了城市化进程的非理性过度发展,引导城市发展步入符合科学发展观的健康轨道。

最后,新政亦有效控制了城市大量滋长的旋涡型过度消费,引导城市居民建立了一种健康平衡的消费观念。控制大面积别墅和毫宅的市场供给,也是对富豪阶层膨胀消费的控制方式之一。同时90m²的建筑面积限制,也在一定程度上限制了中等收入和低收入群体在家居消费方面的超额支出。城市居民在置业方面消费观念的理性发展和消费方式的平衡状态,对房地产业有秩序的良性发展也将起到积极作用。

中国住宅开发的工艺、技术、过程基本上还停留在"农业时代",随着经济、科技以及建筑开发技术的进步,住宅开发生产模式走上标准化是必然的道路。但要到达住宅产业开发的"工业时代",还需要较长的时间和努力。中小户型的大量出现无疑将会对住宅产业的标准化产生积极的推动作用,但生产的标准化还需要政府监管部门的决心和力度,这在中国目前的地产形势下,依然是一段任重而道远的发展里程。

黎振伟 合富辉煌集团董事副总经理

"国六条"出台后,如果开发商缺少宏观视角,只考虑从技术上"应对",那么单纯探讨户型问题就是没有意义的。

新政对户型面积及比例的指标限定,给住宅产业化带来契机。如果通过产业化使住宅的质量提高,同时又降低成本,开发商又何乐而不为?中小户型成为市场主流后,标准化操作会更容易也更需要实现,之前一直提倡的全装修也必须适时提上日程。

产业化对整个产业链上的其他相关行业也提出了更高的要求。与住宅小户型开发成主流相对应,家居、家电也必须随之进行创新。例如香港,很多小户型统一装修,床、柜子都是统一标准,这样的集成化运作有利于住宅产品的持续换代开发。国内的房地产不是一个高技术含量的产业,目前对其他行业的带动仅仅是量的带动。新政提供了一个机会,让我们能够重新反思,提高自己行业的质量和科技含量,改变以往那种能耗和原材料消耗大的落后状态,提高住宅建设的质量和效率,发展节能省地型的住宅,实现整个行业和社会的可持续发展。

至于未来房价的走势,短期内,大小户型都会供不应求。一年后,当大量小户型在市场上涌现的时候,这类型的住宅物业价格会降,而大户型的高档盘由于供应减少会升值。为什么不让它升呢?豪宅的房价指数和大众住房的房价指数本就不应该捆绑在一起。政府应该从政策和价格杠杆上进行调节,比如香港,买豪宅的人就多交税,政府拿交的税去开发为中低收入人群提供的住房,这样,整个社会的发展才能和谐。

王昀 北京大学建筑系研究中心副教授

"国六条"后小户型的解决之道

"国六条"出台后,全社会都很关注"9070",探讨小户型出路的解决之道,我们总结出了两点:第一,必须有相应的先进的法律法规制度的出台与科学合理规范的制定;第二,公众要有冷静的消费观,整个社会要有理性的消费群体,每个人要有与时俱进的生活态度。这是任重而道远的,是整个社会到每个个体共同素质的提高与共同努力的结果。

首先,法律规范要继续修改与完善。目前户型的丰富度与可能性受到法律上的严格限制,例如厨房必须要有直接对外的窗户,这是在落后的过去的条件下提出的,与实际技术水平大为不符。目前,厨房的设计水准非常之高,排风系统非常先进,烟感设备的家庭化,这使得厨房一定要有采光窗变得不一定很有必要,厨房的直接采光不仅造成了建筑面宽上的浪费,同时限制了住宅户型的多样化和空间布局的灵活性。应该说,厨房如果可以不直接对外开窗,将会带来住宅的革命。其次,大众居住观念的多样化受到了坐北朝南的传统居住观念的影响,破坏了城市的整体性,这也直接影响了居住环境的多样性、居住户型的丰富性、居住空间的灵活性。再次,传统法律法规要求的楼与楼之间的间距的模数是否合理、是否科学、是否是经过试验证明过的,都是值得再研究与确定的。总之,在法规上进行有效的修正,人们的观念与生活方式的改变,是建筑形式改变的根本,也是 $90m^2$ 以下小户型是否可以生存与发展的根本。

据统计,目前市场热销的户型在 $90\sim120m^2$ 左右。于是有人就提出:$90m^2$ 以下的面积,能满足大多数人普通的居住需求吗?我们给出的答案是肯定的,我们提出了"空间灵活划分,在同一面积下,有多种不同的选择"的解决方式。

小户型的客户群在不断扩大和变化,这就意味着消费群体的多样化、生活方式的多样化、对于空间质量要求的多样化,这些都需要对传统小户型的格局、尺度、空间组织方式提出新的要求。所以传统概念上的户型,例如一居、两居、三居的概念要进行根本性的打破。因为,以前的生活方式是单一的,而现在,不同住户对于住宅的功能化需求是不同的。对于不同需求,不同爱好的人来说,必须提出适应他们各种类型生活方式户型的组合。所以这是相关政府部门、设计师以及开发商都应当共同努力的。

由于整体面积的限定,要求建筑师在空间上要进行精密而准确的设计。"疏可走马,密不容针"的设计势在必行。我们非常强调空间上的使用效率,这需要在空间上进行合理的划分。空间是可以被塑造的,但不能简单的划分为几室几厅,人的可塑性比空间的可塑度要高,这就是问题的解决之道。大的要做大,小的要做小,达到最为精确的空间尺度。

为了达到小空间使用上的优化,需要工业化,标准化的思考。同时产业化带来国人对于尺度上的思考。举个有代表性的例子,在洁具的选择与使用上,市场上提供国人用的都是欧美日的尺寸。欧美的过大,而日本的又相对较小。中国人的尺寸究竟是什么样的大小,需要研究。再如,在抽油烟机的生产上,究竟多大功率的排烟速度才是真正适合中国人烹饪习惯的,这都是值得认真考虑的。所以,在一个户型的设计上,不仅仅是建筑师的责任,更关系到小至马桶大到规划设计的整个产业链。还是回到一个最根本的问题上:找到一个中国式的生活方式是重中之重。

第二个问题是关于公众的理性消费问题。"只买贵的,不选对的"曾经代表着中国一部分富豪的消费心态,而当下国人的心态是盲目的攀比状态,但求最大不求最好的消费观,把住宅本身的使用面积作为衡量社会地位、经济收入、生活质量的一种标志。我们认为面积是观念上的,面积大小并不对应生活水平的高层次、文化层面上的高层次。随着人民生活水平的不断提高,消费意识的不断冷静使得社区与社区之间的划分,不再是通过经济实力来决定,而是通过文化水平来决定。

国人如何在有经济基础的条件下,找到真正适宜自己生活方式的居住面积是任重道远的,绝不是短期之内做好的。只有随着时间的发展,国人对生活需要认识的不断提高,才能找到真正适于中国人生活与生存的理想户型与基本尺度。

最后谈谈大城市与小城市的差异问题。房地产问题主要集中在一些大城市或重点城市,比如用地紧张以及由此导致的价格一路攀升等,但在中小城市,土地闲置现象却极为普遍。在将来小户型的开发设计等方面,大城市与小城市之间要区别开来。选择了大城市,就选择了拥挤,否则小城市就变成了大城市。但是在土地闲置的状况下,与其追求个人居住面积的提高,不如把精力用在规划布局、环境的设计、景观的营造及其其他辅助设施的建设上。也就是说,不一定在面积大小上追求价值,而是在生活品质与居住环境上做出相应的提高。在中国,环境上的营造,在物业上的管理与个人居住方式上的关系大大脱节,致使中国目前的社区中业主之间的社区意识极为缺乏。如果建筑师加强私人领域以外的建筑空间上的设计,那么,新的生活方式、新的空间形式、新的意识形态便会积极的产生。而这就是我们建筑师的价值及职责所在。

李耀智　深圳中原地产总经理

很多人有这样一种误解，认为香港人购买小户型住宅是因为香港人喜欢小户型，喜欢紧凑的户型，其实不然。我们曾经做过调查，绝大多数香港人还是更喜欢大户型的房子，根本的原因在于香港的高地价和高房价。2005年香港私人住宅的平均房价与月收入的比约为5.79，而深圳这一指标约为2.6，也就是说，大多数的香港人因为房价太高而不得不选择户型小、总价低的房子。为了满足核心阶层的需求，在市场"无形之手"作用之下，大部分开发商也会选择做小户型楼盘。因此，香港开发商在户型、园林、会所等小区配套上做足了功夫，特别是在公共空间的设计上，利用公共空间的优势来弥补私人空间的不足，将小户型做成精品。

香港的小户型开发经验值得我们借鉴，引进小户型，在户型、小区环境上创新确实可以解决一些问题，但不能解决核心问题。目前市场上对小户型有需求的大多是一些七十年代中后期八十年代初期的年轻人，这个时期属于人口高峰期，也由于这部分人经济基础尚薄，市场上会有一部分小户型需求，但随着积累逐渐丰厚，作为过渡的小户型住房该何去何从？我们传统的生活习惯难以改变，但政策已尘埃落定，市场如何在政策和实际需求之间找到两全其美的办法是我们业内人士需要共同探寻的问题。

肖峰　北京市双建房地产开发有限公司销售总监

$90m^2$是一个数字，现在成为一个标准，我认为很难用一个数字来决定住房是否宜居。如果换成$120m^2$也是不合适的，一刀切的标准都不值得提倡。是否宜居要全方位来考虑，简单来说起码要考虑城市差异、住宅的区域和地段、住宅的类型等方面的因素。例如北京，CBD地区和通州区的情况肯定大不一样，所以两个地区的宜居标准的选择肯定也不一样。

住宅产业化肯定是趋势，但并不意味着就等同于住宅标准化和简单化。北京在20世纪80年代曾经搞过住宅标准化工程，二环路沿线的房子基本都建造成一个模式，非常整齐划一。因为都使用一套设计图纸，所以大大节省了设计费，而且因为都是重复工作，所以后面的施工更是轻车熟路。但是，这些房子不少已经拆掉了，因为经不起时间的考验，满足不了住户的多样需求。

我认为，未来的户型设计还会是多种多样的，不会受70%规定的限制。用一套图纸来包打天下的时代一去不复返了。任何一个开发商都绝不敢轻易尝试建设两个模式一样的楼盘。

赵军　原泰华房地产（中国）有限公司常务副总经理、董事长助理

70%、$90m^2$，并不等同于70%、$90m^2$的低价住宅和低劣住宅。产品最重要的是考虑客户需求，如何在有限的空间里面，根据不同客户的需求设计出最合理的户型，回归客户价值；70%、$90m^2$的一个隐喻就是要大规模生产，大规模生产的前提是越模块化越好。

日本有一家公司叫Universal Home，这是日本中小企业里面成长非常快的一家公司，这家公司主要做什么呢？它推行公司合同制。这家公司的创始人起初是个建造商，他将服务的概念放在首位，以服务体现增值，遵从客户价值，通过集约化方式将小开发商联合起来，走模块化路线，通过规模、标准降低成本。对于未来的中国房地产业，我觉得也应该走这条路，因为从目前中国的房地产企业规模来讲，产业集中度较低，仅靠单个开发商通过自己的模块化、标准化是引发不了产业革命，包括万科也引发不了，只能算是领跑。

赖利新　恒大地产集团总裁助理

恒大最早的主打产品就是小户型。根据我们长期的经验，做好小户型的关键就在于精巧实用。

当户型面积受到限制时，功能是否齐全就成为买家最看中的一点，因此，小户型的经济实用是衡量其是否成功的最重要指标之一。从楼盘整体来看，小户型为主的社区规划、环境和配套同样要跟上。由于小户型总价较便宜，吸纳的住户相对较多、人口密度较大，容易给人一种低品质的感觉，所以，小户型在今后一段时间内成为开发主流的话，开发商必须避免居住质量的倒退。借房地产新政的契机，小户型住房产品的生产更应该强调对品质的追求，包括空间、结构、设施、配套等等各方面的创新，而住户多了，物业管理的加强也显得很重要。

营销模式只是技巧，最关键还是要有好的产品。反之，如果没有好的房子，再好的营销方式也只是虚的花招。

值得注意的一点是，70%和$90m^2$两个硬指标提出来之后，消费者对住房的审美观念和消费观念会受到影响。而消费者的消费观念调整后，反过来也会影响市场。开发商开发的产品当然必须要迎合市场，否则产品无法卖出去，就很难生存。但一个房地产企业要保持长久的生命力，不能仅仅为迎合市场某一阶段的需求而改变自己的开发方向。恒大对房地产的开发会有一个长期的规划，非常注重产品的丰富多样性，注重各种档次的产品结构的平衡和合理，我们的消费群也是最广泛的消费群，所以我们不会做很极端的产品。当市场出现变化时，只需要在自己现有的结构下进行微调，这是一个房地产企业很好的安全保障。

住区调研
Community Survey

- 我国城镇住宅实态调查结果及住宅套型分析
  Analysis of Dwelling Size Based on the National Urban Housing Survey

- "国六条"背景下的客户置业意向调查报告
  Report on the Housing Purchase Intent Survey under the 'State's Six Points'

2006年国家关于房地产业的宏观调控新政出台后,到底谁还要买房?
他们是想买建筑面积90m^2以上的户型,还90m^2以下的户型?为什么?
90m^2能解决中低收入家庭的居住问题吗?
他们购买90m^2以下户型的真正原因又是什么?
未来几年随着90m^2以下户型的增多,将推动大户型住宅的价格上涨吗?

我国城镇住宅实态调查结果及住宅套型分析
Analysis of Dwelling Size Based on the National Urban Housing Survey

何建清 He Jianqing

[摘要] 据国家住宅与居住环境工程技术研究中心2003～2004年进行的我国城镇住宅实态调查结果显示，城镇居民目前正在使用的住宅多建于福利分房制度改革以后，住宅套型以2室1厅和3室2厅居多，每套住宅建筑面积集中分布在70～120m²之间，套内平均居住人口已降到3人以下。以人为本，合理约束住宅建筑面积、设计住宅套型，已成为未来住宅发展的必然趋势。

[关键词] 城镇住宅 实态调查 住宅套型

Abstract: Statistics from National Urban Housing Survey 2003～2004 run by China National Engineering Research Centre for Human Settlements show that urban dweller' houses were mainly built after Chinese housing reform. Most of the dwelling sizes are 2 bedrooms with living room, 3 bedrooms with a living room and an independent dining space, ranging between 70m² to 120m². People living in one housing unit had decreased to less than 3 persons. Housing development is approaching to a reasonable control of dwelling size and housing design while putting people in mind.

Key words: urban housing; housing survey; dwelling size

2003年至2004年，国家住宅与居住环境工程技术研究中心组织完成了全国除西藏、四川、贵州、重庆、台湾、海南以外的26个省（包括自治区和直辖市）、105座城市（另外包括少量建制镇）的城镇住宅实态调查。

本次调查目的是为了了解城镇居民的居住状况以及住宅相关配套设施状况，调查内容包括住宅概况（建成年份、住宅层数、套型、建筑面积等）、住户人员构成（包括成员关系、年龄、性别、每周居住天数等）、相关概况（厨房、卫生间、阳台、屋顶）、能源消耗量、设备配置概况五大部分[1]。

调查采用了用户问卷的形式，通过专家调查和委托调查结合的方式进行。调查共获取有效问卷383份，其中198份位于严寒和寒冷地区，185份位于夏热冬冷、夏热冬暖和温和地区。问卷数据分86组，有效数据32000多个。需要说明的是，本次调查样本是以单套住宅为基本单位的，不是以家庭户为基本单位的。另外，受时间、经费等客观因素制约，本次调查结果反映的只是所获取的有效样本的相关信息，通过对这些信息的统计分析，可以看出我国城镇居民近年居住实态的基本状况。

本文抽取其中住宅概况、住户人员构成和相关概况三个部分的主要实态调查数据，进行分析和比较。文中采用的图表和分析数据当中，所有数值区间中的低限数值，除年代外，均不包含在该数值区间之内。

但从住宅研究和住宅设计的专业角度来看，这些调查样本的统计分析结果，基本反映了我国城镇居民近年居住实态的基本状况。

一、城镇居民目前正在使用的住宅多建于福利分房制度改革以后

调查显示，仅有1户住宅建于1970年。建于改革开放初期1979~1984年、有计划经济时期1985~1991年的住宅很少，分别占调查样本总数的1.6％和4.4％。建于1992年实行社会主义市场经济以后的住宅占绝大多数，其中建于1992~1998年的住宅38.2％，建于1999年福利分房制度改革以后的住宅超过半数，占55.5％[2]（图1）。

二、住宅套内平均居住人口不足3人

调查样本的套内平均居住人口2.84人。2005年底国家统计局全国1％人口抽样调查结果显示，城镇居民家庭的平均人口2.97人[3]。尽管在统计口径上有差异，即国家统计局是以家庭为单位统计的，而本调查是以单套住宅为单位进行统计的，但两种调查结果均显示，我国目前无论是家庭平均人口还是套内平均居住人口，均已降至3人以下（图2）。

调查样本中，住宅套内居住人口最多为5人。按分类样本占总样本的比例进行排序的结果是：3人最多，占47.1％，居住成员的关系多为夫妻带独生子女；2人其次，占25.5％，居住成员的关系多为夫妻无子女；4人占14.9％，居住成员的关系多为夫妻带双子女，或夫妻带独生子女和一位老人；1人占8.2％，年轻人居多；5人占4.3％，成员关系以三代家庭成员为主。

三、住宅形式以多层和中高层为主

从调查结果可以明显看出，我国住宅建筑层数以多层和中高层为主，分别占到总样本数的48.8％和44.8％，低层和高层住宅比例很少（图3），其中，南方城镇的住宅建筑层数、居住密度明显高于北方城镇，且以中高层和高层居多。

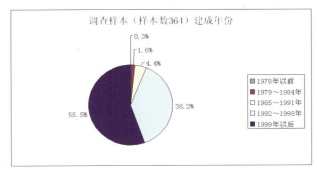

1. 住宅建成年分的分布特征

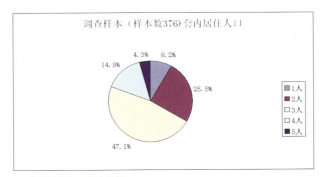

2. 套内居住人口分布特征

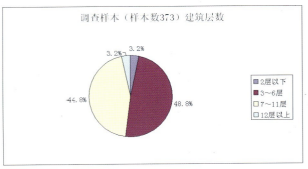

3. 建筑层数分布特征

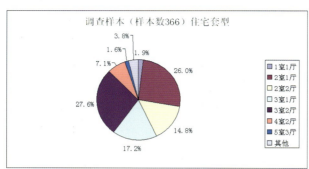

4. 住宅套型分布特征

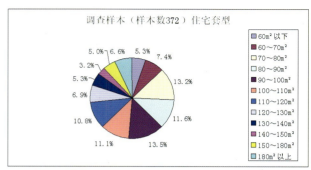

5. 套型建筑面积分布特征

四、住宅套型以2室1厅和3室2厅居多

从住宅套型来看，调查样本中以3室2厅和2室1厅套型居多，占总样本比例为27.6%和26.0%，两种套型之和超过总样本的一半以上；其次为3室1厅和2室2厅套型，分别占总样本的17.2%和14.8%，4室2厅套型也占有一定比例，为7.1%。

从卧室数量来看，显然3室套型最多。如果将3室无厅、3室1厅、3室2厅、3室3厅的样本数量加在一起，将超过总样本的45.0%。而从住宅的建成年代来看，3室套型多为福利分房制度改革以后住户自主购买的住宅，属于典型的居住条件改善型住宅套型（图4）。

五、住宅建筑面积集中分布在70~120m²之间

调查样本中，住宅建筑面积（不含阳台面积）分布特征的统计排序是：90~100m²最多，占13.5%，其余依次为70~80m²、80~90m²、100~110m²、110~120m²、60~70m²、120~130m²、180m²以上、60m²以下和130~140m²、140~150m²（图5）。面积分布在70~120m²之间较为均匀，其他区间并不均匀。这种分布特征表明，有60.2%的住宅建筑面积集中分布在70m²至120m²之间，与上述住宅套型分析结果（3室2厅和2室1厅套型居多）基本吻合。

如以90m²划分界限，那么调查样本中，90m²以下中小户型住宅仅占总样本数的37.5%，90m²以上大户型住宅则占到总样本数的62.5%（其中90~120m²住宅占35.4%，120m²以上住宅占27.1%）。

从平均值来看，有效样本的总平均建筑面积为111.11m²。多层住宅样本的平均建筑面积为113.4m²，中高层住宅样本的平均建筑面积为101.36m²，中高层住宅比多层住宅少12.04m²。

六、小户型和大户型的人均住宅建筑面积相差一倍

将住宅建筑面积划分为90m²以下、90~120m²、120m²以上三个区间进行统计的结果表明：90m²以下住宅的人均指标为28.31m²，90~120m²住宅的人均指标为38.39m²，120m²以上住宅的人均指标为53.28m²（图6）。也就是说，120m²以上超大户型的人均指标，几乎是90m²以下中小户型人均指标的2倍。

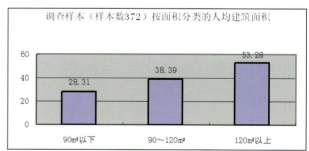

6. 按面积分类的人均建筑面积比较

七、中高层住宅比多层住宅的小户型比例大

如果把多层住宅和中高层住宅的相关指标分别进行比较的话，那么，多层住宅中70~120m²之间的分布较为均匀，中高层住宅只有80~90m²和100~120m²的比例相当。并且，90m²以下小户型在中高层住宅中所占的比例大于多层住宅，为43.3%，而多层住宅为36.7%，中高层住宅比多层住宅高出6.6%；90~120m²户型在多层住宅中38.4%，在中高层住宅中占33.7%，多层住宅比中高层住宅高出4.7%；120m²以上户型在多层住宅中占24.9%，在中高层住宅中占23.0%，多层住宅比中高层住宅高出1.9%（图7a、7b）。

八、卫生间面积达标而个数未达标

调查样本中，有64.3%的住宅仅设有1个卫生间，30.4%的住宅设有2个卫生间，5.3%的住宅设有3个及3个以上的卫生间，其中：第一卫生间的平均使用面积3m²以下占17.4%，3~6m²占59.4%，6m²以上占23.3%，平均使用面积5.48m²；第二

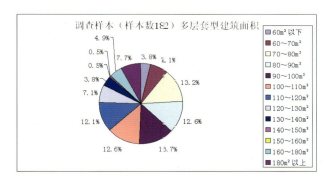

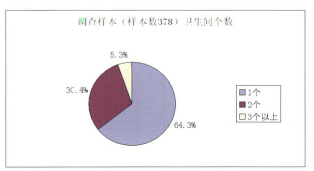

7a. 多层、小高层住宅建筑面积分布特征

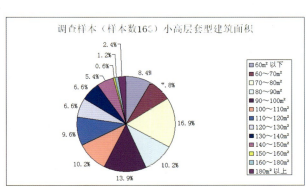

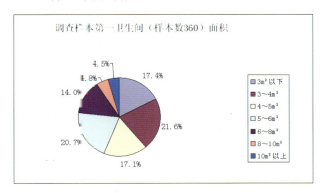

7b. 多层住宅和小高层住宅建筑面积分布比较（Y轴单位：%）

8a. 卫生间配置个数分布特征

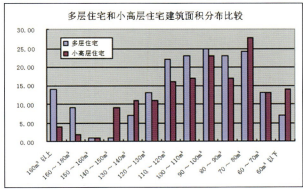

8b. 第一、第二卫生间使用面积分布特征

卫生间的平均使用面积3m²以下占22.8%，3~6m²占56.7%，6m²以上占20.4%，平均使用面积4.95m²（图8a、8b）。

如果对应以3室居多的改善型住宅套型来看，现有住宅卫生间的面积指标已可以满足布置三件洁具和一台洗衣机的要求，但卫生间个数的配置标准有待提高。

九、绝大多数厨房以操作功能为主

调查样本中，使用面积在6m²以下的占41.2%，其中以4~6m²最多，占29.5%；6~10m²占38.8%，其中6~8m²占25.4%；10m²以上的仅占20%（图9）。厨房样本的总平均

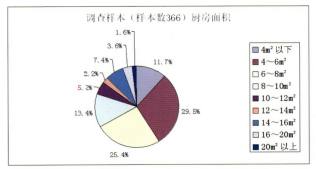

9. 厨房建筑面积分布特征

建筑面积为8.34m²。

这种情况表明，我国城镇住宅厨房的设计，主要还是考虑操作功能，没有考虑就餐功能，就餐所需空间往往独立于厨房之外。

十、阳台已成为城镇住宅不可缺少的使用空间

调查样本中，无阳台的住宅占4.7%，有阳台户占95.3%。多数住宅只有1个阳台，占55.1%。有2个阳台的住宅占35.9%，有3个以上多个阳台的住宅占4.2%（图10a）。

与阳台相连的室内空间在数量排序上依次为起居厅、主卧室、厨房、次卧室、餐厅、卫生间、其他空间。当仅设有1个阳台时，阳台大多与起居厅相连；设有2个阳台时，阳台与室内空间的连接情况呈现多样化趋势，除与起居厅相连外，与厨房、卧室和餐厅相连的比例较大（图10b）。说明阳台连起居厅，是我国城镇居民乐于接受的的空间布置方式。

从面积来看，单个阳台和第一阳台面积在4m²以下的占32.7%，4～8m²占54.6%，8m²以上占12.7%，平均为6.08m²；第二阳台面积在4m²以下的占52.6%，4～8m²占40.6%，8m²以上占6.8%，平均为4.77m²，比第一阳台小1.31m²（图10c）。当阳台计入建筑面积时，如果一户有2个阳台，就意味着多出10m²以上的建筑面积。

十一、结论

住宅建筑面积的关联指标很多，其首要关联指标是套内居住人口。而居住人口的情况目前较为复杂，即使居住人数相同，所需的居住空间数也不完全一致。同时，住户对居住标准的选择，既受物质因素的影响，又受心理因素的影响，因此居住空间会有拥挤、适中、宽裕等使用状态。即使居住空间数相同，但面积上仍然会有差异（图11）。

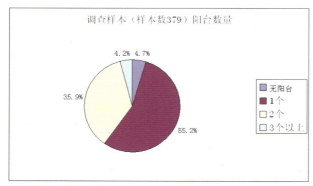

10a.阳台个数的分布特征

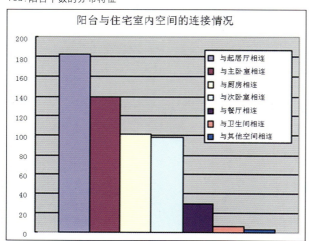

10b.阳台与住宅室内空间的连接情况

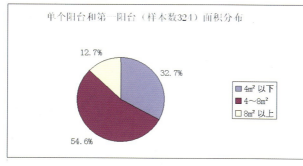

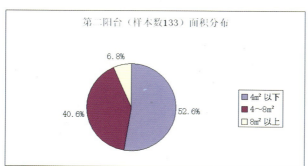

10c.第一阳台和第二阳台的面积分布特征

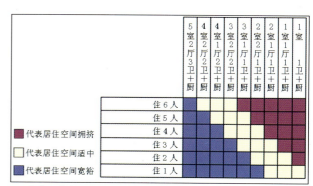

11.居住人数与居住空间的基本对应关系

由此可见，以人为本，对住宅建筑面积进行约束，是社会住房保障制度的出发点。当社会保障能力较弱时，可采用相对较低的人均建筑面积标准，为低收入者提供基本居住空间，以有效降低社会总成本；当住户经济承受能力较弱时，也可选择较低的人均建筑面积标准，待经济承受能力增强后再加以改善。如果忽略居住人口与住宅套型、建筑面积的合理匹配，忽略住宅使用过程中的空间需求变化，就无法实现合理化设计和节约型设计。

建设部政策研究中心2004年完成的"全面建设小康社会居住目标"[4]提出，到2020年，我国城镇居民人均建筑面积35m²，每套住宅平均面积在100～120m²左右。城镇最低收入家庭人均住房建筑面积大于20m²，保障面要达到98%以上，达到"应保尽保"的保障水平。以此标准计算，采用高标准时，仅有供2人及1人居住的住宅建筑面积在70m²以下；采用低标准时，除供5人以上居住住宅外，其余住宅建筑面积均在80m²以下（图12）。

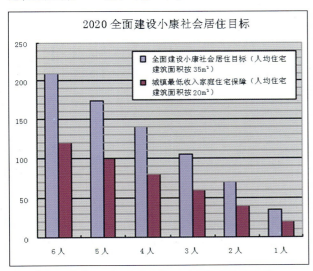

12. 根据"全面建设小康社会居住目标"估算的住宅建筑面积

随着国家对住房市场宏观调控政策的相继出台，我国城镇住宅供应结构、住房消费、住宅套型设计必将日益趋于理性和合理，住宅设计人员要更加关注住宅设计的细节和定量指标，用好城镇的居住用地和居住空间。

参考文献
[1] 国家住宅与居住环境工程技术研究中心. 2003~2004年城镇居民住宅实态调查, 2004
[2] 国家"十五"科技攻关计划项目"小城镇绿色住宅产业技术研究与开发"课题组. 小城镇住宅实态调查数据分析报告, 2006
[3] 国家住宅与居住环境工程技术研究中心编. 中国建筑设计研究院科学技术丛书——住宅科技, 2006
[4] 中华人民共和国国家统计局. 2005年全国1%人口抽样调查主要数据公报. http://www.stats.gov.cn/tjgb/rkpcgb/qgrkpcgb/20060316_402310923.htm 2006-3-16
[5] 中华人民共和国国家标准GB50096-1999《住宅设计规范》. 2003年版. 中国建筑工业出版社, 2003
[6] 建设部、发展改革委、监察部、财政部、国土资源部、人民银行、税务总局、统计局、银监会. 国办发〔2006〕37号《关于调整住房供应结构稳定住房价格的意见》. 新华网. http://news.xinhuanet.com/newscenter/2006-05/29/ccntent_4616608.htm 2006-05-29 17:33:54
[7] 慈冰. 建设部《全面建设小康社会居住目标》详解21指标. 中国建设报·中国楼市, 2004-11-17

注释
1. 调查表内容参见国家住宅与居住环境工程技术研究中心. 住宅实态调查表. http://www.house-china.net/housenew/FrontWeb/index.asp?typeid=5&borderid=27&bordername=网上调查
2. 参照国家住宅与居住环境工程技术研究中心编. 我国住宅建设发展的阶段划分. 中国建筑设计研究院科学技术丛书——住宅科技, 2006
3. 中华人民共和国国家统计局. 2005年全国1%人口抽样调查主要数据公报. http://www.stats.gov.cn/tjgb/rkpcgb/qcrkpcgb/t20060316_402310923.htm 2006-3-16
4. 慈冰. 建设部《全面建设小康社会居住目标》详解21指标. 中国建设报·中国楼市, 2004-11-17

作者单位：国家住宅与居住环境工程技术研究中心

"国六条"背景下的客户置业意向调查报告
Report on the Housing Purchase Intent Survey under the 'State's Six Points'

王海斌 刘新宇 Wang Haibin and Liu Xinyu

2006年国家关于房地产业的宏观调控新政出台后,到底谁还要买房?他们是想买建筑面积90m²以上的户型,还90m²以下的户型?为什么?

90m²能解决中低收入家庭的居住问题吗?他们购买90m²以下户型的真正原因又是什么?

未来几年随着90m²以下户型的增多,将推动大户型住宅的价格上涨吗?

"9070",即指70%的开发总量是90m²以下的户型,在相当长的一段时期,它几乎是小户型的别称。作为房地产交易服务的提供商,世联地产顾问(中国)有限公司至今尚未遇到一例完全按照新政操作的小户型项目,因为政策转化成产品还需要过程。但显然各方都在积极备战,在这个"9070"风暴的前夜,我们在北京、上海、广州和深圳四大城市展开了针对"9070"置业意向的调查,共计回收1024份有效问卷。

在对问卷的初步整理过程中,我们发现尽管房地产市场有较强的区域特征,但在政策影响下的受访群体对问题的回答却表现出令人惊讶的一致性或相似性。

为此,我们决定对四个城市进行综合数据分析,同时兼顾城市间的差异。我们主要关注目前住房的舒适度、新政对购房决策的影响、购房的目的、购房的方式、愿意支付的最高房价、计划购买的房屋面积、区域选择偏好以及置业重点考虑因素等8个指标,围绕这8个指标,我们又通过细分置业群体、家庭收入和家庭结构,来得出分析结论。

● **本次调查方法／问卷回收情况**

本次小户型住房需求意向调查在北京、上海、广州和深圳四个城市进行。在四个城市中,我们通过随机发放、上门拜访以及网上回答等形式完成问卷,调查时间从2006年8月1日至8月25日,实际回收有效问卷1024份。其中,北京258份,上海134份,广州206份,深圳426份。

本次调查结果的数据分析通过SPSS软件进行,并且运用了交叉分析的方法。

有效问卷样本1024份　　　　　　　　　　　　　表1

不同置业状况群体		不同家庭收入群体			不同家庭结构群体		
自有房人群	租房人群	低收入人群	中收入人群	高收入人群	单身家庭	两口之家	有子女家庭
58%	42%	21%	66%	13%	18%	36%	46%
594	430	215	675	134	184	368	472

● **居住舒适度从一个侧面表明了受政策影响后的市场观望程度**

首先我们把不同置业群体分为:租房人群和自有房人群。在被调查者1024份样本中,租房人群占总量的42%,自有房人群占总量的58%。

图1是不同置业群体的居住舒适度。两类群体均呈中间高两头低的走势,即他们对现有住房的居住舒适度大多集中在"一般"和"比较舒适"两个选项上,这是对新政后市场变化的最好估计。国内房地产市场近10年来高歌猛进的发展,在新房和租房市场提供了大量可选择的房源,居住问题通过租和售的方式初步得以解决,舒适度从一个侧

面表明了受政策影响后的市场观望的程度。

此外，从消费心理上看，租房人群的总体舒适度29%明显低于自有房人群的52%。

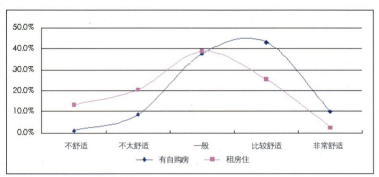

1．不同置业群体的居住舒适度

为了进一步说明政策对购房决策的影响，这里我们又对被调查者未来2年购房意向进行了分析（图2），发现未来两年不打算购房或持观望态度或将购房计划延后的总体比例是73%。

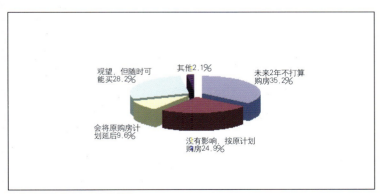

2．被调查者未来2年购房意向

● **当市场波动时，购房的主要目的是自住，投资保值和休闲度假的比例非常之少**

对于购房目的，不同置业群体均是以自住为主，租房人群更是高达91.6%（图3）。而以投资保值和休闲度假为目的的置业明显减少。从区域上来看，投资保值性质的购房北京和深圳的比例远高于上海和广州（图4），这可能与北京和深圳市场的大牛市分不开。

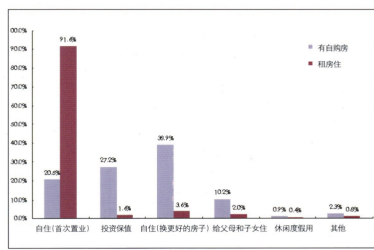

3．不同置业群体的购房目的

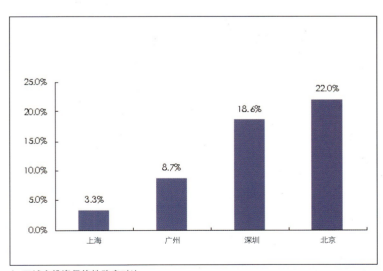

4．四城市投资保值性购房对比

● **近7成的调查者选择购买90㎡以下户型的最大原因是"资金有限"**

对于计划购买的住房面积，近7成的调查者选择90㎡以下，3成调查者选择90㎡以上（图5），这与新政的"9070"比较吻合。对于户型的选择，90㎡以下户型选择集中在2房2厅，而90㎡以上则更喜欢3房2厅（图6～7）。

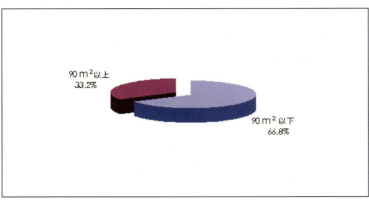

5. 被调查者准备购买住房的面积

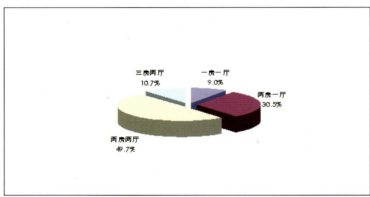

6. 被调查者计划购买90m²以下住房选择的户型

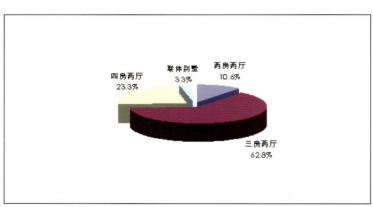

7. 被调查者计划购买90m²以上住房选择的户型

这表明,"9070"的供应结构下,可能2房2厅和3房2厅的户型依然是市场需求最多、最受欢迎的户型。

至于为什么有近7成的调查者会选择购买90m²以下的户型,被列为第一位的理由是"资金有限",其次是"够住就行"(图8)。这表明:一、房价是影响购买行为的最主要因素;二、消费者的消费倾向是可以引导的。

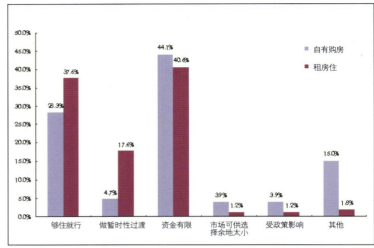

8. 不同置业群体购买90m²以下户型的理由

● 近5成的人群选择购买二手大户型

为了更清楚地分析"9070"的户型意向,我们也同时对选择90m²以上户型面积的3成调查者进行了分析,发现对于如何实现购买大户型,有近5成的人群选择购买二手大户型,其次是购买远郊的大户型新房(图9)。

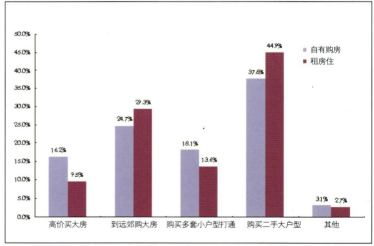

9. 不同置业群体如何购买大户型

总房价也是一个很重要的参考指标,对于可接受的总房价,购买90m²以下人群中有45%的人愿意承受51～70万元之间的总房款,购买90m²以上人群中有接近60%的人愿意承受71～120万元的总房款(图10～11)。假设我们分别以90m²和70m²作为"9070"的标准户型面积,对房价进行一个测算,由此可以得出,90m²以下的平均房价在6000～8000元/m²和8000～10000元/m²的两个区间。

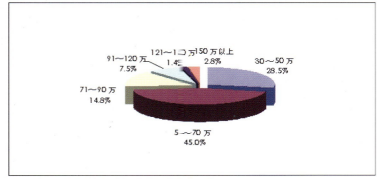

10. 被调查者购买90m²以下住房所能承受的房屋总价

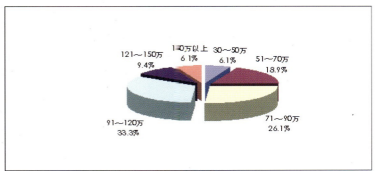

11. 被调查者购买90m²以上住房所能承受的房屋总价

● **小户型的5大卖点：交通、房屋总价、地理位置、小区环境和户型设计**

图12显示的是当准备购买90m²以下住宅时考虑的因素，可见对于小住宅的设计与开发，最重要的依次是交通、房屋总价、地理位置、小区环境和户型。升值空间的重要性低于物业管理，这是典型的以自住为目的的小户型选择倾向。

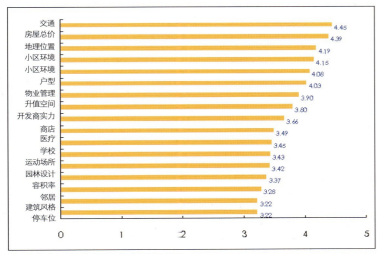

12. 准备购买90m²以下住宅时考虑的因素

● **购房行为受政策影响最大的是低收入家庭**

我们按家庭年收入划分为低收入家庭、中等收入家庭和高收入家庭。划分的标准是低收入家庭的年收入在5万元以下，中等收入的家庭年收入在5万至20万之间，高收入的家庭年收入超过20万元。在总样本中，低收入家庭占21%，中等收入家庭占66%，高收入家庭占13%。

在新政对购房决策的影响方面，超过7成的低收入家庭未来两年不打算购房或持观望态度或将购房计划延后。中收入家庭的购房意向则比较分散，高收入家庭受政策影响最小，即使在观望，也是准备随时入市（图13）。综合来看，政府决定大量建造廉租房和经济适用房，并且出台各种政策来平抑房价，这在一定程度上左右着低收入家庭对住房的购买欲望。

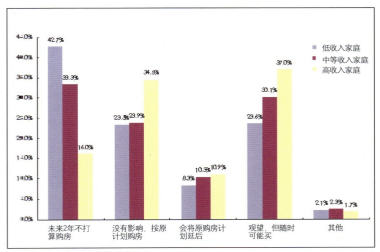

13 不同家庭收入群体的购房意向

对于计划购买的住房面积，中、低收入家庭自然是偏向于90m²以下（图14～15），但依然有超过5成的高收入家庭，也会选择购买90m²以下的面积。这部分人群可能是高档小户型住宅的主流客户之一（图16）。

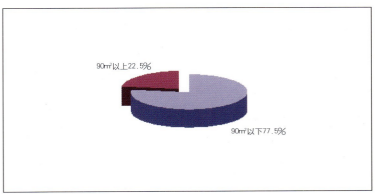

14. 被调查者中低收入家庭准备购买住房的面积

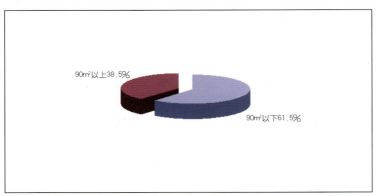

15. 被调查者中中等收入家庭准备购买住房的面积

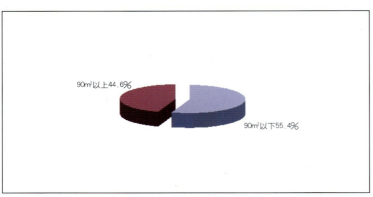

16. 被调查者中高收入家庭准备购买住房的面积

- **3成的有子女家庭购买小户型是为了投资保值**

我们把家庭结构分为单身人士、两口之家和有子女家庭（家庭人口3人以上）三种，在总体样本中，单身人士占18%，两口之家占36%，有子女家庭占46%。

通过对于90m²以下不同家庭的购房目的进行取样分析（图17~19），我们看到依然有3成的有子女家庭购买小户型是为了投资保值，如果再加上给父母和子女住的比例9%，表明小户型对多子女家庭而言，起着除了自住以外更丰富的功能。两口之家也有着与多子女家庭相似的倾向，只是不够明显。首次置业比例最高的是单身家庭。

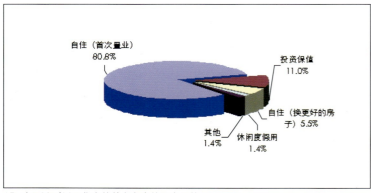

17. 购买90m²以下住房的单身家庭的买房目的

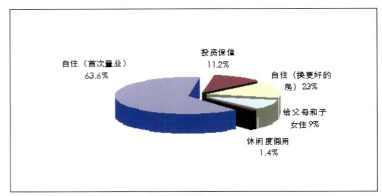

18. 购买90m²以下住房的两口之家的买房目的

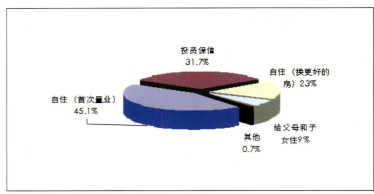

19. 购买90m²以下住房的有子女家庭的买房目的

- **不同购房群体的居住区域选择是高度集中的**

除了房价，区域的选择对购房者来说也是重要的参考要素。统计表明，不同置业群体、不同家庭收入、不同家庭结构，选择的区域均趋于一致，即深圳居住选择区域主要集中在关内的罗湖、福田和南山三个城区；广州除了天河区和海珠区之外，没有明显的区域偏好；上海集中在中环内外；北京则是在四环和五环之间。

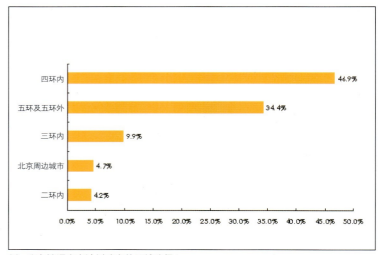

20. 北京被调查者计划购房的区域选择

● 小户型的几个结论

1. 受政策影响最大的除了投资客以外,更多的是中低收入家庭。
2. 当市场出现观望时,小户型一定是以自住为目的的消费者的天下,但绝不是中低收入家庭的独享品。
3. 未来几年90m²以下户型的增多,将推动二手大户型住宅的价格上涨。
4. 小户型一定是地理位置好、小区规划好、户型设计好、物业管理好,且价格适中的产品最受欢迎。
5. 小户型的居住区域选择是比较集中的。

致谢:本稿件由《地产评论》提供

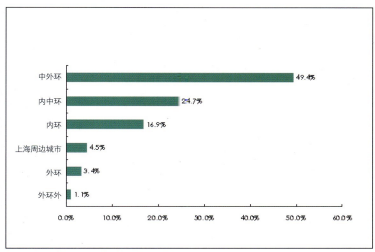

21. 上海被调查者计划购房的区域选择

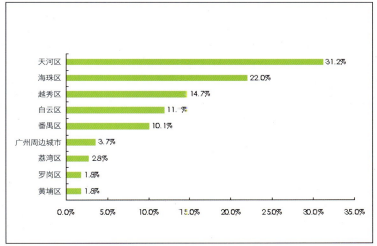

22. 广州被调查者计划购房的区域选择

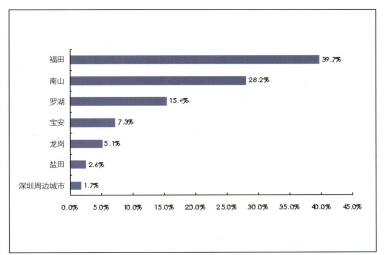

23. 深圳被调查者计划购房的区域选择

作者单位:世联地产顾问(中国)有限公司研发中心数据部

主题报道
Theme Report

"国六条"背景下的小户型探讨
In-depth Report: Investigation of Small-Sized Housing under the 'State's Six Points'

　　对于住房的国家干预与市场引导,存在很多争论。总体上看,有两种做法:一种是,让市场发挥自主调节的作用,国家干预尽可能地聚焦在那部分无法进入市场的人群身上,比如美国的公共住房机制(Public Housing);另一种是国家通过直接或间接投资建设住房来干预住房市场,起到调节市场价格和供求的作用,例如以德国为代表的大部分西欧国家(Kemeny 1995)。

　　此两种做法基于两种不同的意识形态:前者是传统的自由主义,认为经济利益的最大化就是社会利益的最大化,因此政府要尽可能地减少对经济领域的干预,住房市场也是如此;而后者是欧洲大陆的社会民主主义,这种观点认为,社会利益是多维度的,经济只是其中之一,其利益最大化并不能保证社会整体利益的最大化,因此政府应该通过各种手段主动干预和引导市场,从而实现社会目标。

小空间、高效能
——香港房屋委员会最新型的小单位住宅
Small Space with High Efficiency
The Latest Small-sized Housing by Hong Kong Housing Bureau

冯宜萱　卫翠芷　Feng Yixuan and Wei Cuizhi

[摘要]　文章介绍了香港房屋委员会最新型的小单位住宅14m²供一～2人家庭租住的公营房屋。新的小单位贯彻了"实而不华"的公屋设计基本原则，同时使用"通用设计"、"可持续发展"、"健康生活"的概念，提升居住的适居性和实用性。文章还介绍了小单位设计的民意调查结果，它们是日后设计的参考。

[关键词]　小单位住宅、通用设计、可持续发展、健康生活、民意调查

Abstract: The latest small-sized housing unit, 14-square-meter apartment for one or two people, is introduced. The basic principle for such housing units is 'practical and unadorned'. The concepts of 'universal design', 'sustainable development', and 'healthy living' are applied to increase livability and viability. A survey conducted on the response to the small-sized housing units is also introduced, which could serve as the reference for future development.

Keywords: small-sized housing, universal design, sustainable development, healthy living, housing survey

一、引言

香港地少人稠，寸土寸金，在少于200km²的可建筑面积上，要容纳七百多万人口，殊非易事。过往，我们还可以移山填海，以扩增土地。但时至今天，为了要确保维多利亚港¹的天然资源和文化遗产不再破坏，大幅度的填海工程已不可能，亦不该再发生。要解决居住的问题，高空发展和更妥善地利用资源，实属必要。

解决不断增加人口的住屋问题，是香港近数十多年来从未间断要面对的课题。香港的公营房屋也朝着这个方向，不断以高效率的设计和建筑方法，大量兴建住屋，主要以家庭为单位，务求用最短的时间安置最多的人口。

二、小单位的需求

可是，到了20世纪80年代，由于六、七十年代计划生育的推行，以及对传统数代同堂的家庭生活观念的转变，核心家庭大量涌现，大家庭单位的需求因此锐减。与此同时，由于香港经济发展成熟，社会和医疗服务改善，虽然老龄人口不断急剧增加，他们却不再如以往一样，须靠依赖年青子女的照顾，而可以独立地生活和享受他们晚年的黄金岁月。这些老龄人士所渴求的，并非大家庭单位，而是面积较小、租金较廉宜的一、二人小型住宅单位。

在1985年之前，市民一般不可以单独申请租住公营房屋，加上当时适合一、二人家庭的小单位供应非常有限，他们只可以用合伙的形式，与其他人士联名申请。他们获编配的单位，主要由大型单位改建，用混凝土板墙分隔出一些共享厨厕的小单位。直至20世纪90年代初，和谐式公屋²面世，特别为一、二人家庭而设计的小型单位才开始稳定供应。这类小型单位大部分都编配给年长的一人申请者。

到了最近，情况再有所转变。在公屋轮候册上的一人申请者数目飙升，据2005年底的统计，数目约为轮候册上总申请人数的40%，相对1998年/1999年的20%，在短短8年间增加一倍。其中更值得注意的，在轮候人口中，非长者的一人申请者迅速增长，年龄在35岁以下的比率，由1998年/1999年度的12%，上升至2004年/2005年的42%。这些非长者的一人申请者，申请租住公屋的主要理由为希望独立生活、改善居住条件和享用香港房屋委员会（房委会）为公屋租户提供的较完善管理等。虽然去年房委会特别就资源分配重新考虑，厘定租住公屋的配额，并订定轮候的相对优先次序。然而，一、二人单位的需求，仍然极为殷切。

其实，从20世纪90年代发展和谐式大厦，以及在20世纪90年代中期发展独立长者住屋，一、二人单位和二、三人单位的空间标准已经确立，室内楼面面积分别约为18m²和22m²。不过，在实际运作上，一、二人单位大部分都编配给一人户，无形中导致一种超标编配的现象，使人均建屋成本增加，并需耗用更多土地，亦加重一人户的租金负担。近来，一人申请公屋数目激增，令问题更加严重，检讨小单位设计以确保有限的房屋资源运用更有效和更合理，便变成急不容缓。

三、14m² 小单位

对小单位的渴求并非香港独有，欧美、日本以及内地近年亦积极发展小单位。尽管各地需求的原因不一，提供的空间设施亦因地而异，但大部分地方提供的小单位，其设施都会以当地的家庭单位为蓝本，原则为不亚于该等单位的标准。这方面，香港公营房屋的小单位亦不例外，所不同而又令各地侧目的，可能是香港的小单位面积仅有14m²，却需要提供给一至二人居住。

新的小单位设计不能降低原有旧单位的设施水平，同时还希望透过新的设计，改善旧有设计的适居和实用程度、晒晾设施，并必须使用通用设计的概念，令单位内外畅达通行。当然，新的设计亦必须贯彻"实而不华"的公屋设计基本原则。

由于公营房屋在香港已发展了50多年，市民对单位设计和设施的要求不断提升，要不低于现有水平而面积缩小至14m²，加上有各种条件限制以及要在资源运用上取得平衡，对我们的建筑师来说，是一项莫大的挑战。现在，让我们从面积分配、设计设施、健康生活和成本效益各方面，看看这些小单位的内里乾坤。

1. 面积分配

过往，18m²的一、二人小单位具有独立厨厕，已令不少人瞠目结舌，但由于上述的多种理由，我们必须严谨地重新检视这些小单位设计，务求能更具效益地利用有限的资源。

首先，在面积方面，以现时编配标准每人室内楼面面积7m²计算，一、二人单位的面积，具备空间下调至14m²。新的二、三人单位的面积则维持22m²不变（图1）。

在小单位设计中，厨厕与厅房的比例非常重要。由于厨厕有其基本配件组合的要求和使用空间的需要，与家庭单位的面积要求没有太大分别，但小单位的厅房面积相对窄小，故容易做成比例失衡。房屋署自2001年开始便规定厨厕占单位面积不能超过40%。在新的小单位设计中，我们更注重厨厕与厅房的空间配置，成功地把至一、二人单位的厨厕占单位面积缩小至33%，而二、三人单位的缩小至25%。

2. 设计设施

由于单位面积小，小单位的布局主要包括独立的厨房、厕所，而厅房必须共享同一空间。住户通常可以适当摆设家具以间隔出起居与睡觉的生活空间。

（1）空间的有效使用

要善用空间，每分寸地方都需要仔细计算，才可以发挥最大的效益。在起居室方面，睡床、衣柜、桌、椅、电视、空调等为生活必需；而厨房方面，必须考虑洗涤盆、灶台、冰箱及洗衣机；厕所的浴盆、洗手盆和抽水马桶，亦为生活中不可或缺的，因此在设计时，这些家具设施的摆放，便成为单位设计的基本考虑元素，空间的安排亦必须要能提供这些生活必需，缺一不可。这样，才可以有效地安排寸寸空间毫无浪费地使用。还有，要使单位受不同人士欢迎，其布局亦应能兼顾不同而较具弹性的家具摆放。例如一、二人单位可摆放一张双人床或两张单人床（图2）。

（2）通用设计

自从2002年开始，房委会已规定工程的设计，必须符合"通用设计"的原则。即是说，设计要能令住户畅达通行、生活方便、并顾及家居安全，这样便可以适合不同年龄和不同活动能力的居民生活上的需要，以达致原居安老及伤健一家的效果。

故此，单位的设计除了要能有效地提供生活必需的空间外，还要能顾及年老体弱和轮椅使用者的需要。例如：所有房间的出入口及其他家具设施的摆放，必须能让轮椅顺利通过，并且所有设施必须设在适当高度，使年老人士或轮椅使用者不用攀高或俯身便能使用。当然，这些通用设计的考虑不只限于单位内部，也要顾及单位外的公用地方以及大厦范围外的空地，总之务求达致畅达通行、安全方便的生活环境（图3）。

（3）可持续发展

由于小单位面积窄小，在发展循环时会形成局限。一个家庭单位可以分隔出多个小单位，但一个一、二人单位却不能反过来成为一个家庭单位。当小单位的住户迁出后，单位仍只能编配给一、二人居住。有见及此，在每层单位的安排上，尽量以两个一、二人单位背靠背并列，至有需要而情况许可，可以把两个如此相连的单位中间的墙壁打通，便可成为一较大的单位，以提供居住人数较多的家庭单位。这样的安排可以提高单位的可持续发展（图4）。

3. 健康生活

住宅单位的设计要达致健康生活，本来是理所当然。自从2003年"非典"[3]疫情后，"健康生活"更是必然的重要课题。在建筑方面，从楼宇设计、工地施工、以至物业管理等均须重新检视，以使屋的卫生和健康措施更臻完善。

（1）"W型设计" 地台聚水器

由于排水系统中的聚水器干涸，使各层的排水系统无阻隔的合并，令病毒得以传播，被认定为引致"非典"爆发的成因之一。因此，这几年不断检讨大厦的地面排水设计，并与几家大学合作研究和广泛测试后，设计了一款新的"W型设计"地台聚水器，并通过内部指令，规定所有单位，包括小单位在内，必须采用。"W型设计"地台聚水器，主要是使洗手盆的水先流经地台聚水器，然后才排出，这样便可确保地台聚水器不干涸，使每个单位不会沾到其他单位的污水秽物（图5）。

1. 新14m² 和24m² 的小单位设计
2. 具有基本设施的厨房
3. 可供轮椅使用的浴室
4. 合并两个1~2人单位可成为一个家庭单位
5. 测试"W型设计"地台聚水器

灵活的家具陈设

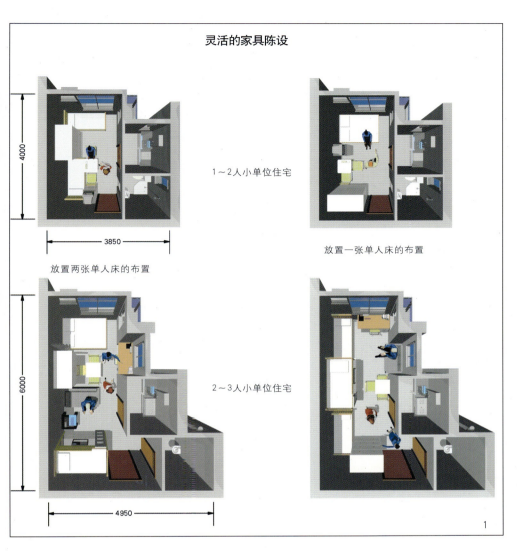

1~2人小单位住宅

放置两张单人床的布置　　放置一张单人床的布置

2~3人小单位住宅

1~2人小单位住宅与家庭单位的转换

共用墙上打开900mm宽的洞口，将两小单位连成一个家庭单位

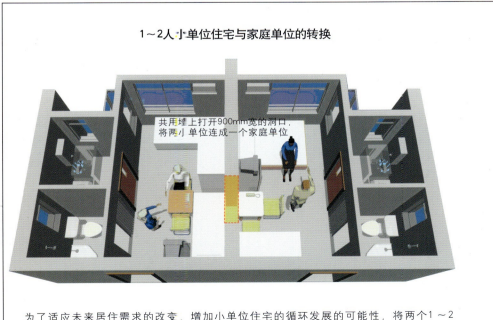

为了适应未来居住需求的改变，增加小单位住宅的循环发展的可能性，将两个1~2人小单位背靠背并列，把中间与墙壁打通，成为一个较大的家庭单位

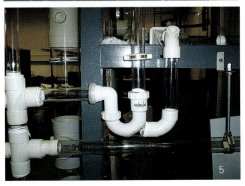

6. 有盖的凉衣平台
7. 在室内伸手可及的凉衣架，方便使用

（2）采光和通风

采光和通风与"非典"并无直接关系，然而，却是小单位特别要留意的。

为了加强单位的采光和通风，我们特别把向街的墙壁全部设计为窗户，另外，在侧面的墙上加设侧窗，以方便生活空间的间隔和家具的灵活摆放。

（3）晾衣平台

在香港人口密集的生活环境中，晾晒衣物向来是教人头痛的问题。在大部分的设计中，包括私人楼宇，晾衣的设备均设在厨房前面向街的楼宇凹口处，但由于容易接近厨房喷出的油烟，并非最理想的地方。在新设计中，我们希望能尽善尽美。我们既想远离油烟，也要顾及日照、衣物滴水，高空堕物和观瞻等问题。经多番研究后，每个单位，包括小单位，均设置一个有盖的晾衣平台，并且不直接放在厨房前端，以方便住户晾晒衣物，争取较佳的日照，而平台也能有效地减少衣物滴水等滋扰他人的问题，以及确保安全（图6～7）。

4．成本效益

在计算成本效益时，并不是只追求以最低的成本兴建公营房屋，而是着重以最合理的价钱，换取最适用的设施和获得最佳的效果，以求善用公共财政的一分一毫。

（1）实而不华

由于香港的公营房屋主要是为低下收入人士提供他们可以有能力应付租金的房屋，"实而不华"便成为我们建设公营房屋的基本方针。"不华"并不是不考虑美感或质量，而是不作花巧的装饰，务实地为住户提供必需的生活设施。

例如在每个单位内的装饰，均以耐用朴实和适合大部分人士的要求而设计。地面是现浇混凝土随捣随抹，不再加设其他装饰，一方面可以节省建筑成本，另一方面，租户可自由铺盖自己喜欢的装饰，毋需浪费，也可环保。墙身方面，由于我们使用大型铁模板（large panel formwork），墙身比较顺滑，只要铺盖腻子（skim coat），不用批荡（plaster）便可涂刷乳胶漆（emulsion paint）。公共走廊的墙身地台装饰，我们采用平实的物料，如丙希酸多层喷漆（multi-layer acrylic paint）和均质墙砖（homogeneous tiles），外墙亦选用玻璃马赛克（glass mosaic tile）和丙希酸多层喷漆等。

这些选料，均以美观实用、施工方便、耐用和保养维修方便程度为原则，我们考虑的是整个物料的生命周期成本，以及对环境的影响等，务求达至最高的成本效益。

（2）配合建筑生产的设计

经过多年的努力，我们认为若要降低成本，而又能确保质量，设计必须要配合建筑生产的程序，例如有效地利用预制件和其他如大型钢铁模板等机械化施工等。预制件由于可以在一个严格控制质量的环境下生产，与现浇施工比较，建筑的素质得以确保。而且，由于大规模生产，也可以降低建筑成本。大型钢铁模板等机械化施工，亦可缩短建屋时间和改善质量。所以，在小单位设计中，要减低成本，设计亦必须配合生产模式。厅房的外墙连窗户、厨厕间隔的混凝土板墙、厨房的洗涤盆、所有的门链门框等，均属预制部分，而地台和分隔单位的剪力墙均采用大型铁模板。在设计时，单位的尺寸要配合预制件的生产要求，减少在生产、运输和装嵌过程的困难和损耗，务求节约成本，而且保持质量。

四、小单位设计的民意调查

尽管我们设计时希望能尽善尽美，以人为本，但始终我们是从设计者方面考虑。因此，我们在今年年初特别兴建示范单位进行民意调查，希望征询准公屋租户、现居公屋租户和长者等对14m²新设计小单位的意见。为了居民容易发表意见，我们特别在新的小单位之旁，兴建现有18m²的小单位，以作比较。

民意的搜集，以面对面访谈方式进行，征询问卷所需的数据。受访者在参观示范单位后，我们的访谈员便询问他们对新旧两款小单位设计的想法，特别就以下各方面提出意见：

（1）起居地方摆放家具的实用程度；
（2）晒晾设施的设计和位置；

小单位设计的民意调查

A单位——新小单位住宅（14m²）

B单位——现有小单位住宅（18m²）

 选择A单位（14m²）
 选择B单位（18m²）
 弃权

在居住者未得悉A单位（14m²）的租金将下调的情况下回答的相关问题

关于晒凉设施满意度调查

关于采光和通风满意度调查

关于晒凉设施位置满意度调查

关于起居地方家具摆放实用性的满意度调查

关于卫生间设计满意度调查

关于厨房设计满意度调查

A单位（14m²）与B单位（18m²）分项设计民意接受度调查

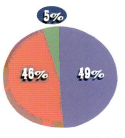
在未得悉A单位（14m²）的租金下调20%之前的调查结果

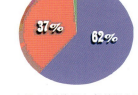
在得悉A单位（14m²）的租金下调20%之后的调查结果

A单位（14m²）与B单位（18m²）整体设计的民意接受度调查

8

(3)采光和通风；
(4)厨房设计；
(5)浴室设计；
(6)整体的满意程度。

经整理调查结果，发现受访者未得悉新设计单位的租金会因出租面积减少而减低约两成之前，差不多半数（49%）受访者认为新设计的14平方米小单位较佳。当他们获悉新设计单位可能减租后，再有13%受访者表示他们属意新设计，即总共有62%受访者较喜欢新设计。

至于个别设计方面，调查结果显示，新设计的单位在"晒晾设施"（74%）、"采光和通风"（61%）、"晒晾设施的位置"（52%），以及"起居地方家具摆放的实用程度"（48%）方面为受访者欢迎。

从结果显示，小单位的新设施如晒晾设施、采光和通风等，均得到受访者的认同。而且，由于单位面积缩小而可以减低租金，是更为吸引受访者之处（图8）。

五、结论

在14m²的小单位实施"通用设计"概念，对房屋署来说，是一个崭新的尝试。虽然，民意调查结果对示范单位的设计是正面的，然而，居民在单位内生活的感受，才是对我们设计最中肯的评价。现在，14m²的小单位设计，已在部分工程项目中作为一、二人的单位的设计模式，预计首批将于2010年初落成。居民入住14m²的小单位后的反应，将会是日后设计的参考，我们正拭目以待。

注释

1. 维多利亚港为香港的天然深水港，从十九世纪开始便成为重要的货物转口港，带动香港的经济发展。维港两岸景色吸引，高厦林立，晚间灯光璀璨，是著名的旅游热点。近年有些团体发动保护维港运动，主张香港的天然资源要有效利用，以及由于维港充满香港市民的集体记忆，故他们强烈反对任何填海活动。

2. 和谐式公屋是香港房屋署于上世纪九十年代初发展的40层标准住宅，楼宇设计主要以单元式的设计概念，配合大量重型及轻型部品的预制，务求改善建屋素质。

3. "非典"（SARS），严重急性呼吸道症候群，俗称非典型肺炎。2003年，香港约有1755人染病，299人死亡。

作者单位：香港特别行政区房屋署

挪威的小户型住宅及消费引导
State Advocating on Small-sized Housing in Norway

王 韬 Wang Tao

[摘要] 就人均GDP而言，挪威是排名世界前五名的国家，但是，挪威的住房水准并不奢华。挪威的住房政策致力于人人都有适宜的住房和环境，是通过国家住宅银行和住宅合作社的机制来实现的。对每一个公民开放的住宅银行，通过低息贷款提倡一种"适宜"的住房标准；非营利的住房合作社依据此标准建设住房提供给消费者。在二战后的半个多世纪中，这个住房机制有效的实现了挪威的住房私有化目标，同时保证了一种不过奢也不过简的居住水平。挪威住房政策和实施机制对于目前我国的住房私有化政策和小户型住宅消费引导提供了非常有益的经验。

[关键词] 住房标准、私有化、住宅银行、住房合作社

Abstract: *In terms of GDP per capita, Norway is among the highest five countries in the world; however, the housing standard in Norway remains modest. The ideology behind this is a housing policy aiming at providing every Norwegian adequate housing and environment, which is implemented by the mechanism of State Housing Bank and Housing Cooperative. Open to every citizen, the State Housing Bank advocates a 'moderate' housing standard through providing cheap housing loans; the Housing Cooperative, as non-profit housing development organization, applies the 'moderate' housing standard in its housing project. Under this mechanism, in the fifty years after WWII, Norway has achieved a high level of privatization, and at the same time maintained a moderate housing standard. Its experiences are valuable lessons to the present China's housing policy advocating small-sized housing on the market.*

Keywords: *housing standard, privatization, housing bank, housing cooperative*

一、背景

挪威地处欧洲最北部，斯堪的纳维亚半岛的西侧，国土面积324000km²。挪威有84％的住宅是私有的（个人拥有或者合作拥有），只有4％的是地方政府提供的出租房屋，也就是通常意义上的社会住房。独栋住宅是最受欢迎的居住形式，62％的住宅是独立或半独立的，单元式住宅只占13％，主要集中土地价格昂贵的城市地区，占城市住宅的50％以上。2005年，挪威的人均GDP达到42300美元，排名世界第五。如此高的收入水平下，小户型的消费引导是否存在呢？要回答这个问题，必须从挪威国家的住房政策目标和实施机制谈起。

二、挪威的住房国家干预

挪威住房政策的目标是使每一个人都享有良好的住房和居住环境。挪威是传统的社会民主国家，一直以来由工党政府执政，挪威的住房政策也有着浓厚的社会民主色彩。此种社会民主国家的住房制度和美国最大的不同是，国家住房福利针对全民，而不是特定的低收入人群。

1. 自由主义与社会民主主义的住房干预

对于住房的国家干预与市场引导，存在很多争论。总体上看，有两种做法：一种是让市场发挥自主调节的作用，国家干预尽可能地聚焦在那部分无法进入市场的人群身上，比如美国的公共住房机制（Public Housing）；另一种是国家通过直接或间接投资建设住房来干预住房市场，起到调节市场价格和供求的作用，例如以德国为代表的大部分西欧国家（Kemeny 1995）。

此两种做法基于两种不同的意识形态：前者是传统的自由主义，认为经济利益的最大化就是社会利益的最大化，因此政府要尽可能地减少对经济领域的干预，住房市场也是如此；而后者是欧洲大陆的社会民主主义，这种观点认为，社会利益是多维度的，经济只是其中之一，其利

益最大化并不能保证社会整体利益的最大化，因此政府应该通过各种手段主动干预和引导市场，从而实现社会目标。比如在德国，公有出租住房是和私有出租住房在同一市场上竞争的，私有住房不得不降低价格来和享受补贴的公有住房竞争，从而起到了控制租金的效果。

显然，挪威的国家住房政策是属于后者的。挪威的人均GDP排名世界第五，完全可以采用自由主义的由市场自主调节的做法，但是实际上却选择了一条通过政府干预，提高全民居住水准的做法。可见，住房政策的选择不是仅仅基于一个国家的经济能力，其中有很多社会文化传统、意识形态以及实现整体社会目标的考虑。

2．挪威住宅政策和机制

挪威的住房政策是鼓励私有化。因此，要实现全民居住水准的提高必须保证两点：一是个人购房建房资金的来源——购房者（建房者）如何获得负担得起的贷款；二是建设机制——如何保证国家的补贴和优惠政策最终的受益者是个人，而不是建设开发的中间环节。在挪威，资金问题是由国家设立住宅银行提供低息住房贷款来实现，而供应体制问题则是通过实行住宅合作社制度解决。

（1）国家住宅银行

挪威国家住宅银行（Husbanken）是在1946年针对二战后的住房短缺问题设立的。从成立至今，在实现挪威的住房政策目标中发挥了巨大的作用，已经成为挪威住房制度的中枢。住宅银行的资金来源有几个渠道：政府的直接投入、商业贷款和发放政府债券。住宅银行的贷款额度、利率和还贷条件由政府提案，议会讨论通过的，这些条件会根据经济状况、市场条件以及政府的社会目标来调整，通常是和市场利率不相关的。直到20世纪90年代中期，住宅银行贷款利率才和市场的利率联系起来，但是仍然保持在低于市场利率1个百分点的水平。

从20世纪40年代住宅银行成立以来，每年由国家住宅银行资助的住房会占到挪威住宅建设总量的50%到100%不等。通常在住房市场不景气、商业贷款利率过高的时期，通过住宅银行贷款建设的住房会占到比较大的比例。个人以房产为抵押，可以从住宅银行获得最多占房款80%的贷款，向住宅银行贷款者还可以享受到贷款部分减收个人所得税的优惠，因此相比较商业贷款而言有着很大的吸引力。

（2）住宅合作社

挪威住宅合作社与国家住宅银行几乎同时出现，作为一个非政府、非营利的房屋建设机构，其主要作用是为其成员开发、建设和管理合作住房。住宅合作社是向所有人敞开的，任何人都可以成为住宅合作社的成员。目前，挪威全国有105个住房合作社，在它们之上是挪威住房合作社联盟——NBBL（National Federation of Cooperative Building and Housing Associations），在全挪威有600000会员。

住房合作社包括两种类型的机构：住房建设合作社（Cooperative Building and Housing Association）负责土地获得、资金筹措以及房屋开发建设的事宜；房屋落成以后住房所有权转移给业主成立的住房所有者合作社（Housing Cooperative），而住房建设合作社负责提供物业服务。

理论上讲，住房合作社是完全独立自主的、参与住宅市场竞争的住宅建设机构。但是，实际上，作为实现挪威国家住房政策目标的一个重要途径，住房合作社与政府之间有着密切的合作。尤其在人口密集、土地价格高昂的城市地区，住房合作社在实现政府的住房政策中起着重要的作用。因此，通常在土地获得、资金来源上都会享受到政府的优惠。

三、挪威的住宅消费引导

在挪威，对于住宅的消费引导最主要的手段就是国家住宅银行的贷款规定。挪威国家住宅银行的贷款是向所有人开放的。但是，并非所有的住房都有资格获得住宅银行的贷款。

国家住宅银行设立的目标是为挪威国民提供低息住房贷款，同时提倡一种不过简也不过奢、"适度的（Moderate）"居住水平。在1946年二战结束后挪威设立国家住宅银行的同时，政府成立了隶属于地方政府和劳工部的住宅委员会（Housing Directorate）。住宅委员会的职责是"为能充分利用资源的、造价便宜的住宅提供指导和信息"。这个部门的宗旨是，一方面保证所有住宅银行贷款建设的住宅都能达到一定的居住标准，另一方面，控制超标住房，以防国家补贴被用于奢侈消费。所有新建住宅都必须通过住宅委员会对住宅技术和设计方案的审查，才能获得国家住宅银行的贷款。自1965年，挪威第一部《建筑法》开始施行以后，住房委员会接管了对于住宅建筑技术的监管、审查工作，此后国家住宅银行对于住宅建筑的控制焦点就转移到了类型、平面和费用上。

挪威国家住宅银行的贷款额是按照面积标准执行的，一定面积的住房可以获得规定数额的贷款，和房屋总造价无关的。因此，房屋面积越小造价越低，个人的还贷负担就越小，从某种程度上限制了房屋的过度消费。原则上，住宅银行贷款不超过住宅总造价（土地和建设）的80%。

在普通的住房贷款的基础上，国家住宅银行还提供额外的贷款份额，以鼓励特定的住房类型和措施，比如：无障碍设计、全生命住宅（Universal Design）、生态措施、老人住宅等等。

1. Husby Amfi总平面 来源：Archideco AS
2. Husby Amfi的73m²的两室一厅住宅平面 来源：Archideco AS
3. Husby Amfi的98m²的三室一厅住宅平面（Husby Amfi项目内最大的住宅单元） 来源：Archideco AS

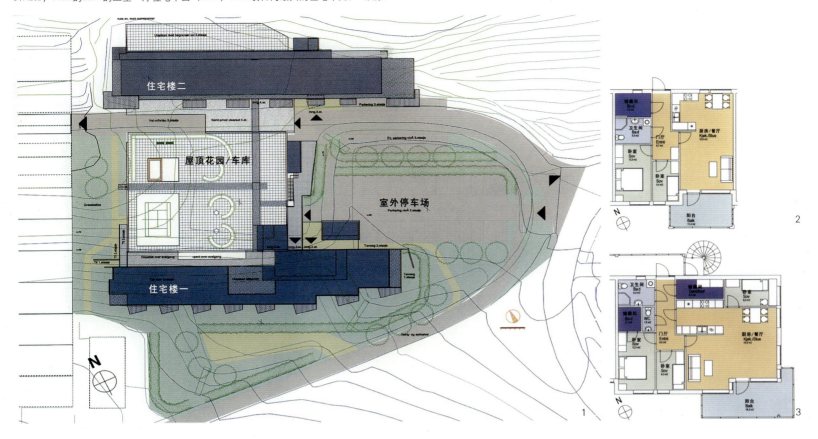

挪威国家住宅银行贷款规定		表1
面积（m²）	房间数	住宅银行贷款上限（克朗¹）
45	2	630000
55	2	680000
65	3	730000
75	3	780000
85	4	830000
95	4	880000

数据来源：Låne til boligbygging, Husbanken 2004

由于住宅银行在挪威住房制度中所起到的关键作用，住宅消费得到了有效的引导，住宅面积控制在一个合理适度的水平。到20世纪90年代末，挪威有450万人口，约200万套住宅，平均每2.3人一套住房。其中，只有35%的住房面积超过120m²，另有3%低于40m²，62%的住宅面积介于40到120m²之间（Løwe 2002）。

四、挪威案例：Husby Amfi合作社住宅

Husby Amfi项目包括2栋建筑共51户单元住宅，是一个20世纪70年代成立的、拥有110套住宅的住房合作社的扩建部分，获得了挪威国家住宅银行住房贷款，因此可以说是一个典型的挪威国家住宅体制的产物。项目于2005年秋天完工，也代表了当下挪威的居住水准。

Husby Amfi的51套住宅的平均套内面积是72m²，以拥有2到3个房间（包括起居室，也就是我们说的一室一厅或者两室一厅）的户型为主，其中只有一套住宅是4室（也就是我们所说的三室一厅）。基本上每户都有一间不到7m²的卧室，即使是项目内最"豪华"的三室一厅住宅，主卧室也只有12.3m²。相比北京回龙观经济适用房200多平方米的跃层单元、90多平方米的两室两厅，Husby Amfi的面积标准只能说是简朴。

这个项目的特殊之处在于，它是低能耗生态住宅的一个示范项目，因此获得了国家住宅银行的额外资助。Husby Amfi的住宅单元的能耗约是目前挪威住宅平均能耗的一半，大量地采用了节能和可循环能源利用的技术，例如：增强的低热交换的围护结构，中央空调系统可以回收75%的热量，被动式太阳能利用，智能室内环境控制系统，一个集中热交换器回收中水中的热量（相比通常的热水系统可以节约80%的能源）等等。

五、结论

挪威的社会经济状况、文化传统与中国存在很大的差异，因此挪威的经验无法直接移植到中国。但是，在住宅的政策、机制和消费引导上有几点经验值得学习：

1. 社会价值观和政策机制的一致性。和美国的消费主义社会不同，北欧国家提倡的是一种简朴、适度、不过度奢靡的生活态度。因此，挪威国家住宅银行一致致力于一种"适宜(Moderated)"生活水平。即使是独立住宅，住宅银行要求的面积上限也只有120m²。对比两国的经济收入水平，国内市场上动辄100多平方米的"小户型"，实在让人汗颜。

2. 政策定位和实施机制的一致性和有效性。挪威的住房基本原则是住房私有，国家住宅银行的建立也是为了服务于

4. Husby Amfi照片
摄影：作者

这个目标，解决在建设住宅过程中的资金问题。同时，在土地紧张、难以实施自建的城市，建立了住宅合作社制度，负责获得土地、开发建设住房并负责住宅物业管理。可以看到，这个机制从资金支持到建设管理机制都是围绕着降低私有住宅的价格，从而实现住房私有化的目标。

3. 注重住宅性能而不是单纯的面积标准控制。挪威地处北欧，气候条件严峻。据统计，挪威人一年中有80%的时间是在室内度过的。因此对于住宅室内环境的舒适度格外重视，近年来更是增加了在节能和环保方面的政策支持和投入。事实证明，小面积住宅并不代表低的居住水平，把过多住宅面积上的投入转向住宅的性能，既可以节约土地、资源和资金，对于国家的环保、能源等国策的实现更是意义重大。

4. 注重住宅设计，提高空间的使用效率。因此，即使是面积很小的住宅，也有完善的功能、足够的空间。此外，无障碍设计、Universal Design等原则的提出，使得一套住房可以满足居住者在不同的年龄段的需求，从而增加住宅的潜在消费者群，也延长了住宅服务的年限。

综上所述，采用政策手段鼓励适度不奢华的居住水准是挪威国家住房政策的重要原则。这个原则的实现是和挪威的国家住宅银行制度密切结合在一起的，这也说明小户型引导只有结合政府的主动干预才能行之有效。此外，在控制面积标准的同时，需要从设计和技术上提升住宅使用空间效率、降低能耗和提高居住舒适性，只有这样，小户型住宅才能真正惠及消费者以及整个社会。

参考文献

[1] Husbanken, Låne til boligbyggning, Utgitt av Husbanken, januar 2004.

[2] Kemeney, Jim, 1995, From Public Housing to the Social Market, London: Routledge, 1995.

[3] Løwe, Torkil, "Boligkonsum etter alder og kohort", Statistics Norway, 2002.

[4] Norsk Standard 3940.

[5] T. H. Dokka, G. Mahlum, M. Thyholt, "Forslag til energikonsept for Husby Amfi", SINTEF Rapport STF22 A02520, September 2002.

[6] The Norwegian Ministry of Local Government and Labor, From Reconstruction to Environmental Challenges, Norway National Report to Habitat II, 1996.

[7] The Norwegian Ministry of Local Government and Labor, Market, vulnerable groups and the environment, Norway National Report to Istanbul +5, 2001.

注释

1. 按照2006年8月的汇率，1挪威克朗约相当于1.25元人民币。

作者单位：清华大学建筑学院住宅与社区研究所

论日本集合住宅设计发展
——从nLDK到解体nLDK
The Development of Collective Housing Design in Japan From nLDK to Dismantled nLDK

叶晓健 Ye Xiaojian

[摘要] 本文介绍了日本集合住宅的开发政策、开发模式、家庭结构、消费方式等方面，着重介绍了集合住宅设计随着社会需求变化而发生的改变。

[关键词] 日本集合住宅、nLDK

Abstract：The policy, mechanism, household structure and consuming type are introduced in this paper. Special emphasis is given to the change of collective housing design in accordance with the social needs.

Keywords：Japan's collective housing, nLDK, dismantled nLDK

住宅是和人们生活最紧密相连的建筑，从民居到集合住宅，住宅的设计紧紧围绕着身处不同社会生活环境人们的需求。密斯·凡·德·罗在1927年曾经有句话："在我们对于住宅的需求更多地体现在对于多样性的需求的时候，就转化为最大限度地自由地使用居室房间的需求了。"经过80年的发展，社会已经高度工业化了，人们对于居住空间的追求几乎完全印证了密斯的言论：从"所需"到"所求"。

住宅整体发展中，包括集合住宅和独户住宅。独户住宅一般为一户人所有，拥有自己私有土地，建筑形式比较自由；而集合住宅受到了很多限制，为多数人共有，属于个人所有的空间仅仅限于住户内部的空间。可见住宅设计带有普遍性和一般性，同时它又具有特殊性和专一性。

小住宅的特色

住宅建筑在日本的社会中占有重要的位置，在日本每年数十平方米，也有少数的最多达到200m²的个人住宅作品大量发表，包括几乎所有的著名建筑师的问世之作都是从个人住宅开始，小住宅已经形成了一种住宅文化，这些小房子同时也体现了日本住宅设计的魅力所在（图1）。2005年日本建筑学会大奖授予的是日本女建筑师妹岛和世设计的仅有85m²、占地面积92m²的"小屋"——梅林的家，一座三层的独户个人住宅。

其实，日本住宅建设与海外作品，甚至和国内作品最大不同之处，在于它空间的"小"以及用地的"紧"。同欧美宽敞的居住空间和外部环境不同，日本地窄人多，住宅的单元面积也十分局促，特别是像东京这样高度城市化的地区，城市住宅开发的主要户型集中在50～80m²之间（2002年东京都23区[1]内的平均销售价格约为每平方米65万日元，都心的价格为88.8万日元，分别相当于人民币4.5万和6万多[2]），当然还有很多被称为"兔屋"的极小住宅，刚刚满足一个人最基本的生活空间。相对于国内开发商动辄200m²的住宅单元，日本近年来的住宅建设的主流可以称为小户型，其住宅设计也更加集中在了从人们生活的基本

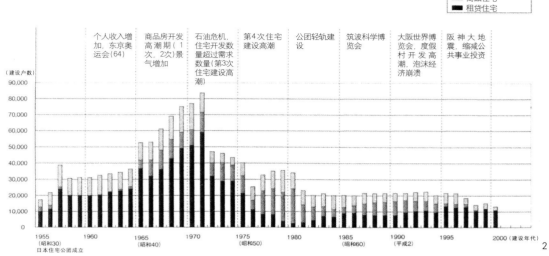

1. 山本理显：XYS TUS集合住宅、办公邮局
2. 日本住宅公团住宅建设量与社会发展关系

需求到满足不同用户的多种使用要求的设计：在有限的住宅空间中体现多元化的居住行为。

"小"和"紧"很大程度限制了住宅的设计的可能性。在来到东京的人的眼中，站在丹下健三设计的东京都厅上的展望台四下望去，那些密密麻麻比肩排列，显得混乱无章的小屋，就是东京的纹理。

实际上占据了日本住宅建设中主要部分的是集合住宅，在探索个人社会空间系统化、工业化的同时，它的发展也在"小"和"紧"中寻求变化和创新。我国目前住宅发展的现状，不仅仅在于多而豪华，而是在于在合理的经济性的前提下，实现住宅空间的合理化和宜人化。本文将通过对于日本近代集合住宅发展中，随着社会需求以及生活模式的改变，住宅空间组织和设计手法如何体现和对应，希望对应国内住宅市场的完善和改革起到参考和借鉴作用。

随着社会发展而不断深化的住宅开发建设

日本住宅发展主要以第二次世界大战后城市复兴以及战后经济高速发展为契机，从政府主导的公营住宅、住宅开发区（称为公团住宅，由都市公团主导开发，相当于国内的住宅开发公司，政府主导的主宅企业）、公社住宅、公寓开发等，人们的生活模式也从日本传统的和式生活模式向欧美的生活模式转变（图2）。

住宅建设经历了五个阶段：第一阶段，战后到1954年，为了满足近420万户的住宅不足，进行了大量的应急建设，包括面积仅有18m²的极小面积的简易住宅。在东京等大城市集中建设的同润会住宅是这个阶段的代表作品；第二阶段，从1955年到1972年，日本住宅公团作为城市中心住宅建设的主导，进行了大量的住宅建设，通过建设技术的成熟和经济的发展，住宅工业化和产业化日趋完善；第三阶段，从1973年到1979年，住宅建设从"量"到"质"的变化，随着石油危机，住宅建设开始下滑，为了消化多余建设的住宅，开始体现住宅多样化；第四阶段，从1980年到2004年，随着泡沫经济的崩溃，社会老龄化的日益严重，住宅建设在强调"质"的同时，更加重视社会的实际需求；第五阶段，从2006年开始，日本宣布摆脱了通货紧缩，经济逐步复苏，住宅建设已经从2005年开始步入新的高潮，特别是超高层建设，以及提供高技术、可比性高、满足不同年龄层需求的住宅越来越受到市场重视，其中高端住宅的销售也呈现了上升趋势（一般指单户售价超过1亿日元的住宅，约700万人民币）。

核心家族的生活方式

在日本传统城市中，住宅是构成城市格局的最基本单位。这点与我国传统的街区构成具有相同的理念。历史中的城市，以家族为基本构成，通过家庭直接的交流形成上一层的结构，而城市是最上层的系统。家族代表了隐私，而城市代表了公共空间。近代社会中对于公共和隐私的暧昧融合，使得住宅的格局同样发生了变化。生活方式改变的同时，住宅内外空间、隐私空间和开发空间的界限也有所变化。住宅解决的是最基本的核心家族的问题，就是社会的最基本问题。

日本的传统生活以大家族围绕一团的空间为中心，它一般采用和室，强调核心家族为单位，同时标志着"内"和"外"。进入和室要拖鞋，这本身是从外到内的一个现象。和室空间具有高度的灵活性，形成了日本传统住宅中

宅到城市，从单纯的住宅问题、住宅政策到城市问题和城市政策，重点开始向城市的整体格局转变。从其基本户型的演变构成中，可以看到生活模式与空间组织之间的相互制约的关系。

早期（20世纪50~60年代）的住宅建设采用标准化设计，由于简单的生活方式、局限的开发用地，住宅的平面也相对单一。到了20世纪70年代，住宅设计从"量"到"质"，生活方式多元化，用地规模更加狭小，以及大量的空房等都要求住宅设计深化和完善。发展了包括中层新式住宅、低层板式住宅、接地型住宅等，迎来了住宅多样

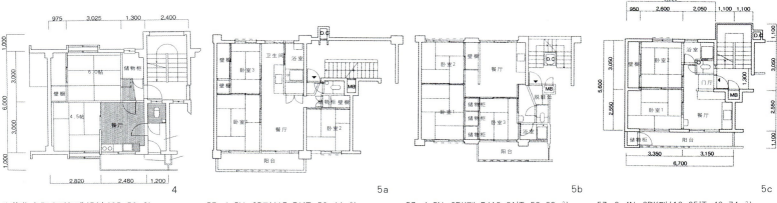

公营住宅51C型标准设计（35.52m²） 4

57-4.5N-3D型（17.71坪 58.44m²） 5a

57-4.5N-3DK型 B（16.01坪 52.83m²） 5b

57-3.4N-2DK型（12.95坪 42.74m²） 5c

最基本的特色。和室主要指的是在地面上架空的草垫——榻榻米；无需额外的家具，可坐可卧。以前的住宅大多是单层建筑，席地而坐，人的视线可以直接望到庭院，人与自然彼此沟通，内外空间融为一体，减弱了室内空间狭小的不足。榻榻米因地区不同其大小分为不同的规格，基本长宽的比例为2∶1，大小在1820mm×910mm，主要种类有东京地区的江户间和京都地区的京间。在近现代日本集合住宅中，基本上都保留至少一间和室以及基本的和室装修，包括推拉门和壁橱。

同时和室也赋予了生活很多便利之处，白天将铺盖收到壁橱里面，房间可以作为起居，夜晚铺好立刻成为了卧室。在日本很多温泉旅馆，客人在房间就餐，就餐后去泡温泉，回来是服务员已经将餐桌收走，铺好了地铺。空间本身的变化使一个房间具有多重使用意义。

住宅公团主导的集合住宅建设

随着战后经济的发展，城市中心的住宅建设对于城市复兴和发展都起到了推动作用。仅日本住宅公团从1955年到1999年的45年间就建设了150万户住宅，开发了大约38000hm²土地[3]。当然现在日本大小不同的不动产开发公司都借助着经济复苏的势头，大张旗鼓地进行住宅建设，住宅设计也层出不穷。可是作为日本住宅建设的主导，公团的住宅设计具有代表性。作为住宅建设的主导机构，从住

化的时代。

当初在东京大学建筑系曾经通过两部影片来促进对应核心家族的理解，小津安二郎导演的《东京物语》（1953年）（图3）和森田芳光导演的《家族游戏》（1983年）[4]。《东京物语》的主人公是生活在日本传统榻榻米空间中的老夫妇对于现代空间和传统空间之间差异的认识过程，他们来到东京儿子家里，由于儿子工作繁忙，无法陪同老夫妇，伴随着传统家庭结构的崩溃，对于传统的生活方式的认同也开始出现了异变。《家族游戏》的主角是面临高考的沼田一家，讲述一个核心家族在最狭小的城市生活空间——"小兔屋"中的生活如何逐渐崩溃。传统的生活模式被狭小的生活环境所制约，社会发展带来的变迁已经开始冲击固有的家庭构成，最终造成无法回避的冲突。而新的住宅设计，就是立足于避免和解决可能的家庭内部冲突，改善生活空间。

nLDK户型的变迁

在集合住宅户型发展中，nLDK的概念和设计手法在相当长的时期内几乎是日本集合住宅的惟一形式。住宅公团设计的一系列住宅中，基本上以开发年代命名不同的户型。比如57-4N-2DK的户型，57表示设计的年代，4表示层数，N表示入口方向，2表示卧室的数量，DK代表餐室的构成。入口方向中，除了N、S外，还有P，点式住宅；

3

TN，北面入口的花园住宅（Terrace house）；TS，南侧入口的花园住宅（Terrace house）；C，单侧走廊的住宅；K，厨房；DK，厨房与饭厅共用；LDK，起居室、饭厅、厨房共用；LD.K，厨房独立，起居室和饭厅共用；L.DK，起居室独立，饭厅和厨房共用。究竟是要增加厅的面积，还是增加主卧室的面积，其实没有定论，根据人们生活的不同要求和欲望，根据具体的用地进行调整。在最早的51C型中（图4），将全家成员一起就餐作为生活中的重要内容，同时强调了餐厅和卧室分离的基本思路。这种平面对后来日本普通住宅发展起到了重要的影响。后来发展了57

现，从原先容纳单一家庭为主的户型，逐步向灵活布局、满足不同年龄阶层用户需求，既能为单身者、高龄者等小集团式的半集体生活提供足够的空间，同时也可以为不同年龄层的人共同使用的主旨。核心家族的概念也开始分解，增加了单身、丁克等非核心家庭。住户的层次开始分化，对于户型的要求以及生活的基本需求也同时细化。

同时，住宅规模从低层、多层向高层发展。在战后发展的集合住宅中，日本还是以多层为主。相对欧洲最大4层规模，日本以步行交通为主，利用台阶，采用了最大5层规模。但是随着日本社会老龄化，国家为主的集合住宅

3.电影"东京物语"海报
4.公营住宅51C型标准设计
5a.5b.5c.57型标准设计平面，1957年
6a.6b.63型标准设计平面，1963年
7a.7b.67型标准设计平面，1967年

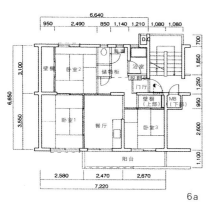
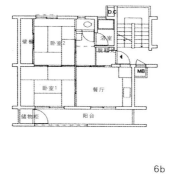
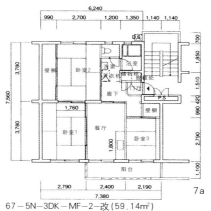

63－3,4.5N－3DK型（59.47m²） 6a　　63－3,4.5N－2DK－4型（43.31m²） 6b　　67－5N－3DK－MF－2－改（59.14m²） 7a　　67－4.5N－2DK－2－改2型（50.52m²） 7b

型平面（图5），更加强调了餐厅作为居室主要空间的位置，同时将51型可以合二为一的和室完全分离，突出了个人空间的重要性和居室的独立性。57型虽然强调了居室之间的分离，但是相对51型将面积最大的卧室放置于南侧而言，多少还是有所欠缺。

战后的住宅引入了西方的生活方式，在厅里面采用了木制地板，在卧室里面保持了榻榻米，可以说继承了传统建筑中空间的多样化的主要特点。随后发展的其他户型，如63型（图6）、67型（图7），扩大了原有50～60m²的面积，个别的增加到了90m²，除了继承了原有住宅的基本设计方向外，将起居室和餐厅分开，增加了居住的舒适性，同时将卫生间和浴室分开，重视了房间的通风、特别是厨房、卫生间等用水空间的处理。在63型中采用了坐厕，另外将洗浴空间独立出来，强调了和一般空间的区别。

到20世纪80年代后期，随着多摩新城等大规模城市周边地区开发的进行，公团主导的住宅建设也进入了新的发展期，很多著名的建筑师也纷纷投入到住宅设计中。比如多摩新城南大泽新区，东京都住宅局和桢文彦事务所一同进行了设计。住宅的户型随着基本单元面积的变化也逐渐丰富起来。

从低层到高层的多层次住宅建设

随着日本经济的高度发展，不同的住宅类型也不断出

没有采用电梯，将会对老年人的生活造成很大的不便，没有电梯的多层住宅的发展也受到了质疑。现在，注重经济性的政府主导的低收入者集合住宅也开始采用电梯。

东京最近重新开始的超高层住宅建设的高潮，推动了整体商业住宅建设的发展。随着土地价值的增高和市场的需求，超高层住宅开始逐渐增加。建设超高层住宅不仅因为东京的地价高居不下，今年银座的地价又创造了新高，一张明信片大小的土地的价格到达数万人民币。而且，人们对于生活水准，体现生活价值的认同也潜移默化地改变，眺望、高空等都带来了前所未有的感受。从多层到超高层住宅，不仅仅是居住规模的扩大，包括建筑技术（加热地板、组合家具、自动警备系统）、市场导向等，都对住宅设计提出了新的要求。

超高层住宅中虽然满足了高容积率、高层开阔的视野，但是由于复杂的结构、避难方面的问题、防震、防风等都增加了建设投资，也增加了住宅单位面积的造价。它已经不仅仅是单纯的住宅形式的问题，而是关于社会、城市规划的问题。特别是住宅内部环境和外部环境的组织关系，审视住宅的成功与否，不止停留在住宅内部空间组织上，与外部空间的连续性也占有了重要的位置。

目前东京很多老街区进入了新陈代谢阶段，在城市再生过程中，超高层住宅或者超高层综合楼占据了绝大比例。处理建筑和城市的关系，已经不单纯是对住宅户型本

8. 日本设计：日暮里站前再开发（左侧为北区，右侧为中央区）
9. 山本理显：横滨三之境集合住宅的庭院空间

身的研究，而是包括和周边环境融合等宏观的城市设计问题。笔者参与的日暮里站前综合开发是最近东京传统住宅区中规模较大的综合开发项目之一，由日本设计进行的总体规划和建筑设计将东京北侧门户日暮里地区传统的站前低层木制住宅区改造成为三座100m以上的超高层综合设施，同时结合连接足立区北侧长久交通不便地区的新交通轻轨系统，建立站前花园广场。超高层住宅首先采用了免震结构，住宅内部布局采用了酒店式格式——内走廊，尽量将燃烧器放置在楼层中央的内中庭内，保持完整的住户格局。同时为了降低造价，层高受到严格控制，排气管的走向和布局都与住户平面结合（图8）。

以东京城市中心部住宅建设开发方式为对象，除了个人业主或者不动产开发商对于散落在不同街区间的小型住宅用地的开发，大规模的低层住宅区的开发非常少见，其中著名的开发实例是桢文彦经手的位于涉谷西侧的代官山开发——Hill Side Terrace（图10、11）。另外，1970年后期在咨城县建设的六番池集合住宅、会神原集合住宅、三反田集合住宅等都提出了和高层住宅不同的设计观点，强调了住宅之间的距离同时，突出了各自的私有空间，融合了接近自然的特点[5]。20世纪90年代后期，山本理显设计的横滨三之境住宅，利用地形塑造了开放的内部庭院，试图形成良好的邻里交流关系（图9）。

脱离nLDK的尝试

提到脱离nLDK模式，矶崎新是一位积极倡导将不同住宅空间组织模式引入到日本现代社会的建筑师。在1991年福冈纳科萨斯集合住宅，矶崎新制定了总体规划，为不同的建筑师提供了一个粗略的体量框架，使不同建筑师在自由地就住宅形式和形态自由发挥的同时，调整相互组团直接的关系，从而求得整体区域的和谐。整体发展按照两期：第一期沿着东南外围道路，规划了20~40户住宅的多层建筑，包括Steven Holl, Rem Kolhass, Mark Mak, 石山修武，克里斯丁·保罗·帕尔克（法国），奥斯卡·托斯卡（西班牙）；第二期包括在用地中央建设超高层，调整整体的容积率，将空余空间用作开放庭院。矶崎新提出了双塔的概念。在一期住户的平面中，可以看到不同的建筑设计思想对于日本现代住宅空间的理解。

2000年，矶崎新在岐阜县营北方集合住宅[6]中的南区中引入了四名女性建筑师（图12、13）：妹岛和世（图14）、高桥晶子（图15）、伊丽莎白迪勒、克里斯丁郝利。针对传统的nLDK的住宅布局方法，提出了非核心住户的设计理念。妹岛设计的妹岛栋打破了传统都营住宅中为安全性和经济性将阳台连续设计、开放走廊的单一住宅表情，将"房间"作为基本单位，刻画了富于变化的住宅表情，将阳台半室内化，或者作为室内的延续，或者作为户外平台，在走廊中留出对外界开放的空间，将两边住户

10a.代官山整体开发（1期~6期）
10b.10c.10d.10e.10f.10g.代官山综合开发第1期（A栋、B栋）1969年
11a.11b.代官山街景

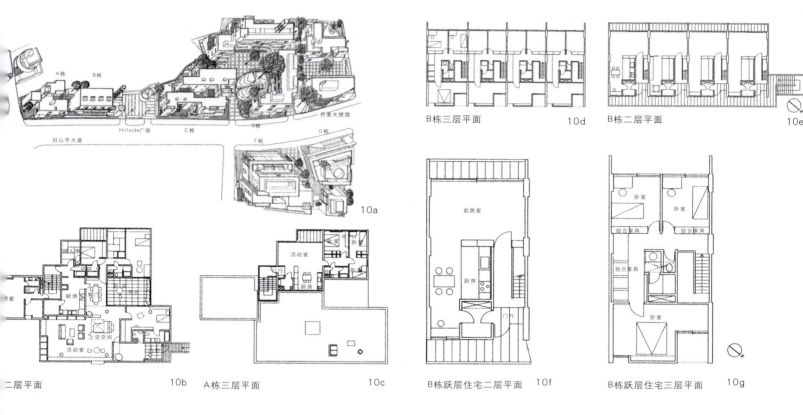

12. 岐阜县营集合住宅总平面图
13. 岐阜县营集合住宅模型照片
14. 岐阜县营集合住宅妹岛栋基本户型平面图
15. 岐阜县营集合住宅高桥栋基本户型平面图

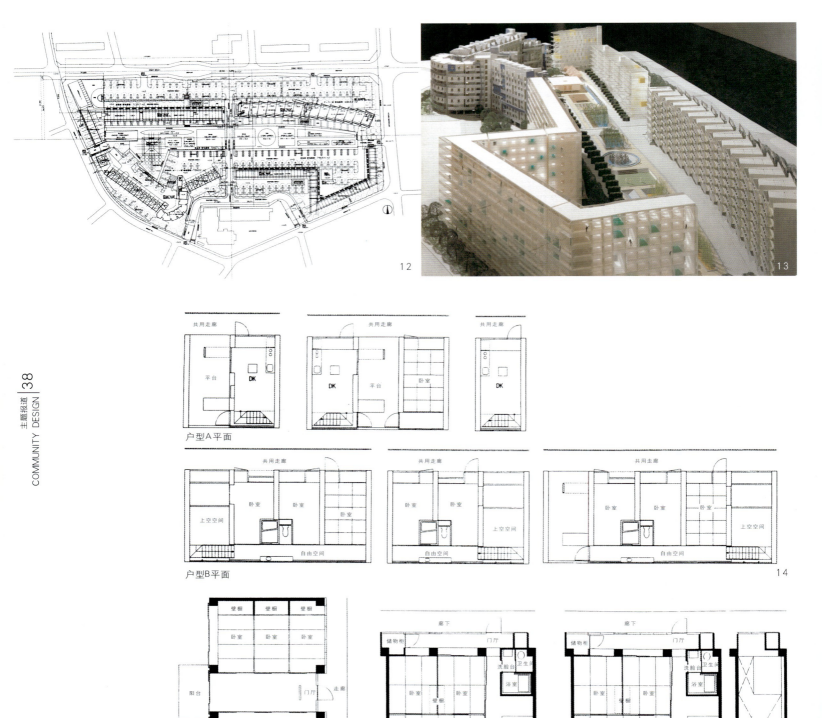

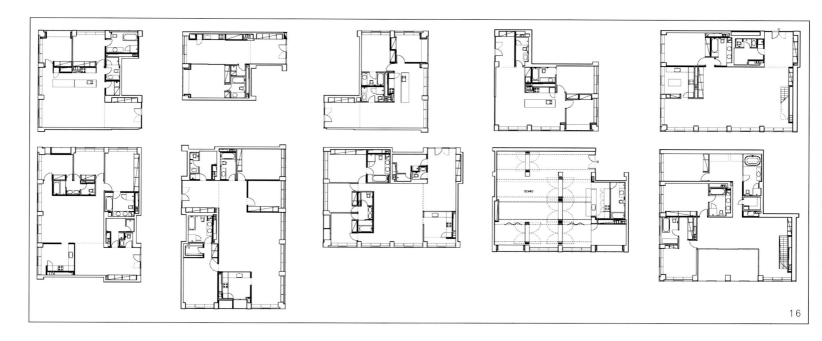

16. 北京建外soho平面图

的餐厅等邻接空间有效地组织在一起，尽量延伸内部空间与外部空间接触的面积。

随后进行的北区分为3栋进行建设，总共620户规模，引入了包括外国建筑师、日本建筑师、艺术家、当地专业技术人员在内21名设计者，也包括我国建筑师张永和在内。

矶崎新试图通过对日本传统住宅形式的质疑和剖析，提出通过从生活出发进行设计的"女性原理"来代替基于"男性原理"的nLDK设计，彻底摆脱政府住宅的模式。但是在我看来，这等于将传统的从基本户型开始的构思模式打破，从空间，也就是将各个不同的住户看作一个整体，从整体间的距离、空间格局开始，给予人们一个完整的，或者是具有深度的活动区域。它是通过空间的重组来赋予传统格局新的生命力，这也是这种集团设计的和谐原点。

SOHO式集合住宅——混合的居住概念

山本理显长久以来一直围绕着"关"的概念，进行了一系列住宅设计。"关"是一种围合，在住户之中设立共享的开放空间。在相对封闭（围合）的空间中，寻求不同住户之间的平衡交流关系。比如在集合住宅的住户中间设立大家共享的广场，对于外界它是内部空间，对于住户它又是外部空间。除了日本国内，他在北京、大连、天津和韩国都进行了集合住宅的实践活动。

几年前，山本理显在北京设计了规模巨大的"北京SOHO"，将单纯的住宅空间和工作空间结合在一起，它同日本住宅中将工作场所附属在住宅功能之外不同，它延伸了生活空间的范围，或者说从住宅设计的角度，将居住的概念本身模糊化了（图16）。

在日本设计进行的总体规划，山本理显担任总体协调的东云集合住宅中，包括他本人、伊东丰雄、隈研吾等八位建筑师在内，就突出住宅的多用途，实现"充分体现城市中心高度的服务机能和便捷的周边环境"进行了尝试（图17）。东云集合住宅中除了对于中央的开发空间的开发之外，对于住宅与工作空间的结合也作了处理。因为东云地区距离东京最为繁华的城市中心——银座非常近，在住宅入口处设立的SOHO空间解决了很多将办公带回住宅中的居住者的想法。而且在靠近窗户的地方集中布置了各种用水空间：包括厨房、卫生间、浴室、洗漱、洗衣等，使得住宅内部系统相对独立和集中[7]（图18）。

东云集合住宅在住宅楼层中引入了共享空间，它作为居住者之间交流和家族生活外部延伸的场所。同时，面向走廊安置的居室的性格，也与传统房间的布局不同，它类似工作室，或者是半居住空间，更多地展现居住者个性（图19～22）。

探求住宅空间的实质

在日语里面"间"的读音是ＭＡ，它意味着场所、距

17.日本设计：东云集合住宅总体平面图
18a.18b.东云集合住宅平面图
山本理显建筑设计工厂提供
19a.19b.19c.东云集合住宅平面图

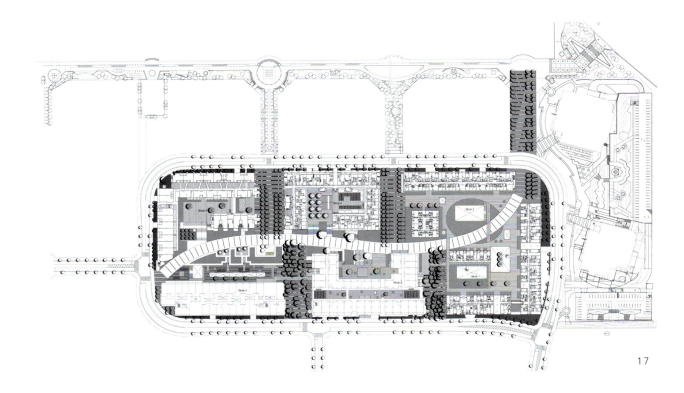

17

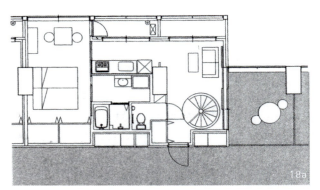

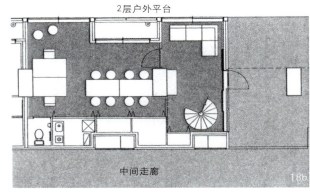

2层户外平台

中间走廊

18a

18b

19a

19b

19c

20.21.22.东云集合住宅实景照片

离、间隔，在岩波古语辞典中作出了这样的解释：连续存在的物体和物体之间存在的间隔，同时也是时间和时间之间的间隔[8]。在日本住宅设计，包括独户住宅和集合住宅的设计都围绕"间"作出了不同的尝试，几乎都是在可能的区域内，进行极限化的设计，将几乎所有的"间"都发挥出自在的意义。从这种近似于极限化的设计过程中，自然也激发了对于集合住宅的模式的思考。

所谓将nLDK空间解体的说法最近经常出现在各种设计说明中，无论是什么超前的尝试，住宅设计都不能脱离其最基本的使用需求，就是满足享受居住的乐趣。

前面提及的曾经轰动一时的岐阜县营北方集合住宅中，从住户对于妹岛栋和高桥栋的反馈意见多少可以说明住宅是非常实用和现实的建筑。虽然两者都是日本建筑师从日本住宅的生活观出发进行的设计，高桥基于人们传统生活习惯，将空间的可能潜在的弹性发挥出来；相反，妹岛则采取了全新的尝试，通过特定区域，特定的空间来实现对应传统的挑战。但是通过调查，住户对高桥的尝试给予了肯定，特别是从空间的变化组合中，感受到了新的魅力和乐趣；而对妹岛的尝试，更多的是否定意见，虽然建筑实现了某种意义上的突破，但是由于特定的格局固定了人们生活中的变数，曲解了人们生活的习俗。甚至出现了个别的房间自建成后几乎未出租出去的现象[9]。可见，设计是在认识人们生活的同时进行的，微妙的变化都会造成使用者的改变，成功的设计才是具有挑战性的。

毫无质疑，nLDK是对于居住空间给予了相对客观和明确的定义，真正如何使用还在于居住者自身根据自身需求在空间的"容器"中磨合。不应该通过标签来定义居住空间和类型，这往往更多地是为了迎合市场；其实，即使是传统的单元住宅，同样可以作为办公室进行SOHO，空间在于其真正的生活意义。像北京建外SOHO，200多m²的单元，几乎可以在任何地方进行办公，而不会仅仅是标注在图面上的特定的SOHO空间吧。

对于居住者最实用的，还是在有限的"隐私"的空间中，实现自我的世界。增加了单位居住空间的变化，将住户分为各种不同情趣的客户，通过居住空间的多样化和多元化，为住户提供多种选择，这无疑增加了设计者的设计过程，丰富了居住空间的层次，也为建筑师提供了更多的可能性。

* 本文图片除特别署名之外，均为作者摄影

注释

1. 日本住宅销售指标一般将东京都23区之内（相当与北京的四个城区）作为主要的依据，另外将环绕东京中心一周的轻轨山手线内的主要地区称为都心。

2. 参考土地综合研究所网页http://www.lij.jp/

3. 叶晓健．建筑设计的原点和过程．北京：中国建筑工业出版社，2004．279

4. 矶崎新．岐阜县营北方集合住宅．Lotus Internatinal 100号

5. 渡边真理，木下庸子．接地型住宅和低层住宅的现在意义．新建筑，2001(10)

6. 岐阜县营北方集合住宅．新建筑，1998(5) 县营指的是由岐阜县政府投资开发的住宅设施，日本县的行政级别相当于中国的省。具体开发情况可以参考政府网页http://www.pref.gifu.lg.jp/pref/s11659/hightown/index.htm

7. 同3，236~241

8. 矶崎新．间——日本的时间空间．该文章对日本空间做出了一番解读。这篇论文收录在《读解日本空间》一书中，东京：鹿岛出版社，1990

9. 松浦隆幸．设计者的洞察力：著名集合住宅的现状．东京：日经建筑，2006(7)，11~15

作者单位：株式会社日本设计

我国住宅套型及其量化指标的演变
The Development of Housing Layout and Its Quantitative Index in China

林建平 *Lin Jianping*

[摘要] 文章介绍了我国住宅套型及其量化指标的演变过程，指出正确理解套型面积标准的多项量化指标的必要性。

[关键词] 住宅套型、成套率、多项量化指标

Abstract: The development of housing unit layout and its quantitative index in China is introduced. The importance of having properly understanding to the quantitative index of housing unit is underscored.

Keywords: housing unit, integrity of housing unit, multiple quantitative index

国务院住房结构调整政策"国六条"的第一条就是："切实调整住房供应结构。重点发展中低价位、中小套型普通商品住房、经济适用住房和廉租住房……"该条文中"套型"是有一定技术含量的专业词汇，各方面对其有不同的理解。本文通过对我国住宅套型及其量化指标的演变进行分析，加深对"套型"的认识，相信对引导建设中小套型住宅会有作用。

一、"套型"的概念来之不易

"套型"是指住宅建筑的空间组合，表示住宅的大小和房间的组合形式。"户型"是指家庭人口的构成，表示家庭人口的多少和代际关系。由于我国住宅发展的历史原因，"套型"常常被表述为"户型"。"套型"的概念是到20世纪80年代以后才逐渐建立起来的。

在建国初期到20世纪80年代初，我国住宅标准中没有"套型"的概念。按照当时的社会主义计划经济分配原则，要求平等地给人民分配住宅。那年代城市的居住标准是以"每人"为单位确定的，要求人均4m²的居住面积。以"每人"为单位分配居住面积的典型例证是，1958年2月叶祖贵等在"关于小面积住宅的设计探讨"（建筑学报1958.2）一文中提出，8m²的房间可以住5人而不是2人，因为8岁到13岁的孩子可以与父母合居一室用布帘分隔。文章特意比较了两种8m²房间的不同设计（图1），说明人均4m²的居住面积是很高的居住标准，可以进一步节约。1962年3月清华大学土木系对378户的调查报告（建筑学报1962.3）显示：70户住在小二室的住户中，6口户家庭占70%，因为这些小二室是由两间房间组成的套间，报告建议"小间的面积宜为9~11m²"，"不是套间的小二室应分配给家庭人口结构复杂些的5口户独住或人口少的两户合住"。当时的设计思想是，每间房间住多少人，而不是每套房住什么样的家庭。

20世纪80年代初，提出小康居住标准时仍然以人为计算单位，要求1985年人均达到5m²的居住面积，2000年达到人均8m²的居住面积。当时评价住宅设计方案的重要指标是"居住面积系数"，要求保证较大的卧室面积比例。1982年编制北方通用大板住宅建筑体系时开始明确提出：应把

1. 8m² 房间的两种布置方式
引自《建筑学报》1958年2期
2. 1960年北京0011型住宅平面（一梯6户）
引自《建筑学报》1962年2期

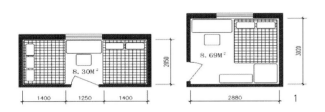
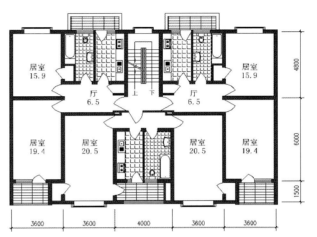

"套型"做为控制面积指标的基本计量单位和研究重点。研究报告指出：目前，世界各国都以"套"数做为统计住宅的基本计量单位，"套"数能较确切地反映住宅建设的实际情况。过去，我国主要以平方米为单位安排住宅建设计划和进行设计，因此，在住宅设计中，往往只能反映出人均面积指标和平均的户室比，而难以灵活地适应不同家庭人口构成和要求的变化。目前存在的很多合用户住宅，给住户带来很多不便。该体系把套型分为四档，即：1～2人套型、2～4人套型、4～6人套型和6人以上套型。

1984年"全国砖混住宅新设想方案竞赛"的设计条件要求设计方案引入"套型"的概念，以便更加科学合理地对住宅方案进行比较。这次方案反映了住宅单体设计的平面布置合理性、功能实用性与外部环境优美性，出现了以基本间定型的套型系列与单元系列平面。特别是"大厅小卧"的套型平面模式开始得到认可，对推进我国城市居住生活的现代化起重要作用。1987年颁布的《住宅建筑设计规范》，明确要求"住宅应按套型设计。"1999年颁布的《住宅设计规范》，进一步明确要求"住宅应按套型设计，每套住宅应设卧室、起居室（厅）、厨房和卫生间等基本空间。"同时定义套型为："按不同使用面积、居住空间组成的成套住宅类型。"此后，套型的概念有了全国统一标准。

二、扩大"套型"面积容易，保证"成套率"难，实现"每户一套"更难

统计资料显示，从20世纪80年代以来，我国住宅套型面积标准不断提高，新建住宅套型过大的趋势十分明显。

分析表1、表2两个统计表，可以看出，我国住宅的套型面积扩大趋势十分明显，特别是最近5年，扩大套型的加速

我国城市平均每户住宅面积标准发展　　　　　　　　　　　表1

标准 \ 年代		1978年	1995年	2000年	2005年
人均建筑面积		7m²	16.2m²	20m²	26.11m²
套均建筑面积	预期		45～50m²	55～60m²	70～80m²
	实际		50.2m²	63.2m²	85.32m²

注：表中数据引自2006.7"合理引导住房消费和建设"课题报告，根据历年公布的人均建筑面积数除以当时的家庭人口平均数

我国住宅套型面积标准发展　　　　　　　　　　　　　　　表2

年代区段	1950～1959	1960～1969	1970～1979	1980～1989	1990～1999	平均
平均每套建筑面积	57.44m²	63.83m²	67.14m²	78.91m²	93.29m²	81.47m²

注：表中数据引自"中国2000年人口普查资料"，根据公布的全国（包括乡镇）住房建成时间段中,住房建筑面积数除以该段的户数

度超常。据对北京市2006年7月4日可售期房的面积统计表明，套均建筑面积达到了140.37m²。

但是，我国住宅套型规模的发展从来就是不健康的，问题集中表现在成套率低。多户合住一套住宅的现象十分严重。1962年2月，王华彬在"积极创作，努力提高住宅建筑设计水平"的文章（建筑学报1962.2）中提出"结合目前国民经济条件及居住水平，完全按户居住还办不到，而暂时按室居住也是合理的。"文章推荐1960年北京0011型住宅适合按室居住的平面（图2），推荐理由："厨房面积较大，合住时能很好安排家具"。

现实比"合理设计，不合理使用"的情况更加严重，1974年《建筑学报》第2期刊登了陕西建筑标准协作网的一项调查表明，5000户住在套间式小二室的住户，只有1/3感到"不宜住套间"。报告提出"住得下，分得开，尽可能不合住"的居住目标。

直到20世纪80年代初，我国合用住宅存量比例进一步扩大，厨房、卫生间多家共用的现象十分普遍。据第一次全国城镇房屋普查统计，1985年底住房成套率仅为24.29%。住宅中独用厕所24.22%；合用厕所9.84%；近66%的住户使用公共厕所。当时的小康居住目标只能提出，到2000年实现"人均8m²居住面积"，但是"人均8m²居住面积"的房子究竟有多大？是个严肃的攻关课题。经过3～5年的研究，包括对国外标准的比较，我国家庭人口小型化预测，土地资源承载力测算等等研究，提出了应大力建设适用于3口之家的50m²建筑面积的套型指标。同时明确指出实现"每户一套"住宅是比实现"人均8m²居住面积"更加困难的目标，所以认为到2000年城市家庭70%以上能够独住在成套的住宅里就是实现了小康居住水平。

按照过去的认识，减少合住，保证新建住宅按照规范要求"成套设计"，那么，成套率达到70%就是实现了小康居住水平。如果成套率达到100%，就实现了"每户一套"的更高目标。但其实不然，最新的研究发现，我国的住宅早已是"成套设计"，成套率低是合住现象造成的。在解决合住问题的过程中，成套率提高很快。《中国2000年人口普查资料》显示，直辖市的住房合住率已经很低。

直辖市住房合住率　　　　　　　　　　　　　　　表3

北京	天津	上海	重庆
2.68%	6.54%	6.73%	3.66%

注：表中数据引自"中国2000年人口普查资料"

但1998年全面实行住宅商品化以后，住宅建设对"套数"、"成套率"、"每户一套"等指标关注不够。同时，套型面积标准持续提高，刺激了住房消费的畸形心理，社会上拥有两处以上住房的人群增多的同时，偏离"每户一套"的目标越来越远。顺便解读关于"82%的住宅拥有率"的统计数据。最近常见报道称我国住宅的拥有率高于先进国家，达到82%。这不是82%的家庭拥有一套住宅的概念，目前存在误读或曲解的现象。该数字是对房屋产权属性的统计结果，表明82%的城市住宅的所有权属于个人所有，其他"国有的"、"集体的"、"社会团体的"、"产权不明的"仅占18%。如果跟踪该数字的变化趋势会发现，1998年～2000年的房改，带来了个人拥有率的急剧攀升。

表4显示，真正住在"自建住房"和"购买商品房"中的住户比例共有35.99%；而"购经济适用房"和"购原公有住房"的比例是35.98%；"租用公有住房"和"租用商品房"的比例是25.22%。统计表中的数据不包括对无房户的统计，而"租用公有住房"和"租用商品房"的家庭最大的可能是向拥有第二所住房的个人租用。这不是好的数字，不说明82%的城市家庭有一套房子，可能是50%～60%的人群拥有了82%的房子。这虽然是推测，但可以明确的是，国家和集体对住房的拥有率小于18%。社会对中低收入人群的住房保障能力极其有限，急需"切实调整住房供应结构"，利用对土地的控制权，维护社会的和谐。

三、正确理解套型面积标准的多项量化指标

对待"套型建筑面积"应正视以下事实：

（1）住宅的面积问题是复杂的问题，国际上没有统一的指标和计算方法。

1988年"改善城市住宅功能质量"课题组在做国际居住标准比较时就已经发现，日本的第五期"住宅五年计划"

城市家庭户住房来源统计表　　表4

住房来源	自建住房	购商品房	购经济适用房	购原公有住房	租用公有住房	租用商品房	其他
户数	2184290	751224	533396	2401075	1331890	561724	391318
比例	26.78%	9.21%	6.54%	29.44%	16.33%	6.89%	4.80%

注：表中数据引自"中国2000年人口普查资料"

中，使用了"居住面积"、"轴线使用面积"、"参考使用面积"、"参考建筑面积"四项指标。1990年到1993年"中国城市小康住宅研究"时，中日专家经常发现套型面积标准的国际比较存在不同的指标，至今没有完全统一。世界各国提供的统计资料中指标不同，又没有换算方法，这是客观现实，没有理由要求统一规定和简单的表述。

（2）描述一套住宅的大小有多种量化指标是正常的。

平常问你家房子多大？除了"几室几厅"的回答外，可以回答是"多少平方米"。进一步需要确认是"建筑面积"还是"使用面积"。即使确认了是"建筑面积"，仍然是不够精确的概念。开发商卖给住户的销售面积里包括了值班室等部分物业管理用房的公摊面积；北京市的单位把福利房卖给个人时，采用了1.33的使用面积系数折算或高层住宅减少10%测量面积的办法。与"销售面积"比可能少收10m²的钱，当进行二手房交易时，却可能造成少卖了10m²的价钱。在南方，90m²的套型由于墙体薄比北方的90m²显得大了2～3m²；住在高层的由于电梯间等公摊面积多，比住在多层的90m²要显的小了6～8m²。塔式住宅的公摊面积不同于板式的住宅；一梯2户的住宅和一梯6户的住宅如果套型面积指标相同，实际的大小有明显差别。有的套型面积指标不含阳台面积，有的却含阳台面积或含一半的阳台面积。这是历史原因造成的，自然而然。

（3）多项相关技术标准对"套型建筑面积"有不同的计算方法是合理的。

对"套型建筑面积"的计算方法至少有4～5项国家标准或行业标准有相关规定，其中相互不一致的地方是由于使用目的不同造成的，目前有一定存在的合理性：

《建筑面积计算规则》是针对各种建筑形式，用于计算整座建筑的面积的。工程造价的预算、结算十分实用。在造价师那里用得得心应手。但是，针对住宅以套为单位计算面积，尤其是计算住宅的套型面积时，缺乏分摊、补贴、鼓励等措施。

《房产测量规范》是用于实测建筑面积的，房改后在确定产权范围，制作房产证方面起重要作用，该规范配合了主管部门的公摊办法，在房屋管理部门和房地产开发商中得到认可。但是，对住宅的套型边界（墙体的中心线）和分摊的面积是无法测量得到的，使用时各种分摊方法的合理性有争议。又由于处在老百姓维权的焦点上，不同测量机关得出不同测量结果引发的官司较多。

《城市居住区规划设计规范》涉及套型面积计算的指标有容积率，如果用计算小区住宅容积率时所用的总建筑面积数，除以小区的住宅套数得出平均每套的建筑面积，会发现与其他方法得出的不同。原因是，用计算容积率的总建筑面积指标可以不包括地下室、半地下室、阳台甚至斜屋顶下空间等不影响日照和建筑密度的面积指标。

《住宅设计规范》是用于住宅方案设计阶段对套型空间的面积分配及单元组合控制套型规模的。对套型建筑面积规定了计算公式，利用标准层的使用面积系数按比例合理分摊公共面积，对于方案合理性的比较评价和套型组合设计十分实用。但计算结果中不包括本层建筑面积以外的公摊面积，阳台面积也是另行计算的，与销售面积略有不同。

1999年在颁布《住宅设计规范》的同时，对套型面积指标的量化有专题论证，在条文说明中特别指出："住宅设计经济指标的计算方法有多种，本条要求采用统一的计算规则，这有利于工程投标、方案竞赛、工程立项、报建、验收、结算以及分配、管理等各环节的工作，可有效避免各种矛盾。"如今看来，与现实有一定距离。

综上所述，利用"套型面积"标准作为宏观调控标准指导我国住宅建设是十分正确有效的措施，但是，对我国住宅套型及其量化指标的研究还有大量工作可做。

作者单位：国家住宅与居住环境工程技术研究中心

90m² 小户型设计的可行性探讨
A Study on 90m² Apartment Design

周燕珉　杨　洁　林菊英　Zhou Yanmin, Yangjie and Lin Juying

[摘要] 本文主要从住宅的设计层面，围绕节能省地的目标进行探讨，分住宅区规划、住栋设计和具体户型设计三个层面进行研究，并总结出一些较为详细的设计方法和建议。

[关键词] 小户型、住区规划、住栋设计、户型设计

Abstract: The aim of this article is to investigate energy-and-land-saving housing design. The subject is divided into three layers: housing district planning, building design and apartment layout design. Detailed design methods and suggestions are summarized at the end of the discussion.

Keywords: small-sized housing, housing district planning, building design, apartment layout design

前言

从20世纪90年代商品住宅开始在我国房地产市场上出现以来的十几年间，我国普通商品住宅的户型基本完成从"温饱型"到"舒适性"的转变，100m²左右的两居室、三居室户型已成为多数城市房产市场的主流产品。与此同时，近几年在一些大中型城市中，"豪宅"的比例不断增加，普通商品住宅也逐渐出现户型变大变奢侈的趋势。

然而，我国正处于高速的城市化进程中，土地资源本已十分紧张，这些大而不当的商品住宅的存在不仅增加了购房者的负担，而且降低了城市土地的利用率，与可持续发展的长远目标更是背道而驰。纵观国际上的许多发达国家的普通住宅情况，其户均居住面积都在90m²以下。因此，在高速发展和建设大潮中的我们也应保持冷静的头脑，从具体国情出发，从全民享有居住权利的大局出发，推进节能省地型住宅的研究和建设工作。

本文主要从住宅的设计层面，围绕节能省地的目标进行探讨，分住宅区规划、住栋设计和具体户型设计三个层面进行研究，结合我们自身的设计经验，尝试在各个层面给出一些较为详细的设计方法和建议，旨在抛砖引玉，推进我们国家对于此领域的研究。

一、规划层面上小户型住宅提升容积率的方法

1. 板、塔结合，分别定性计算

在容积率压力大、中小户型比例大的项目中，板塔结合式住宅可以较好地解决各种资源的占用与分配问题。将板连塔分割为几部分，分别定性为塔或板，然后分别参照我国建筑日照设计规范进行计算，可以有效地缩减建筑间距。目前被一些开发商尝试利用。

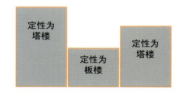

2. 板楼斜向布置

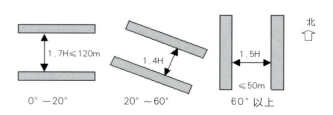

板楼朝向与正南夹角	0°～20°	20°～60°	60°以上
新建区	1.7	1.4	1.5

按照《北京市建筑设计技术细则》对间距的计算要求，板楼朝向与正南夹角在20°～60°时，建筑间距系数可降低为1.4H。规划设计时充分利用朝向与日照的关系，摆好住栋，以节省土地，对活跃小区规划的布局形式也有一定好处。

3．利用住栋斜边单元

（1）斜边单元几个特点

①斜边单元在日照上较有优势，倾斜20°以上即可按1.4日照间距计算；

②斜边单元轮廓线舒展从而面积增大，且争取了更大的采光面，故斜单元的户型往往采光通风较好；

③斜户型视线开阔，结合景观资源可提升其价值。立面、体型设计易出彩，有利于小区形象提升。

（2）何种情况下可考虑设计斜边单元

①容积率略有不足时。因斜边单元较普通正南北单元在面积上有所"扩大"，且日照上又有优势，因此对提高容积率有帮助；

②排楼时，当剩余的宽度大于1个单元而小于2个单元时，可以选择作斜边单元扩大面积；

③在临近市政道路的时候，可通过牺牲该部分斜边单元，对组团内部降噪。

（3）斜边单元的问题

内部出现斜空间，不易布置家具，需精心处理。一般布置厨房、卫生间、楼梯间或管道井等空间。

4．利用住栋尽端单元（图1～4）

尽端单元是指位于楼栋端部的单元，因其外墙面较中间单元多，套型的日照、通风条件好，应充分利用其有利条件。但同时也要注意解决好开窗时与临近楼栋之间的对视问题。常见的套型处理手法有改变套型和增加户数两种。

（1）改变套型

在用地范围和日照间距许可的条件下，充分利用尽端单元良好的采光通风和景观视野条件，适当加大尽端单元套型面积，增加房间个数。如：标准单元为两室户，尽端单元可变为三室户，同时适当加大进深，提高土地利用率。

（2）增加户数

利用尽端单元采光面多的优越条件，增加户数、设计小

1．尽端单元扩大面积设计实例

2．尽端单元一梯三户设计实例

3．尽端单元一梯三户设计实例

4．尽端单元老少户设计实例

户型，不仅可以使每户都有较好的朝向和通风，而且可以提高楼电梯的使用率，降低公摊的公共交通面积。此外，这样的套型还特别适合"老少居"套型的设计，并且通过对户型的灵活性设计，使其形成分则为两个独立小户型，合则为两代居，满足老年人与子女分而不离的居住需求。

二、住栋层面上小户型的设计探讨

1. 一梯两户板楼，舒适但不节地，优缺点并存

一梯两户时，由于公摊面积较大，每户的套型建筑面积通常都会以90m²为上线尽量做足。若想将套型建筑面积控制在90m²以内，同时既要节地又要能保证使用功能及一定的舒适度，套型的面宽和进深应当遵循一些规律。

下面是针对小户型板楼所作的探讨。

（1）对理想式住宅的瘦身尝试（图5～7）

目前大众接受的主流户型

5.优点：南北通透，明厨明卫

紧凑化导致小进深

6.原有优点保留，但进深小，不利于节地

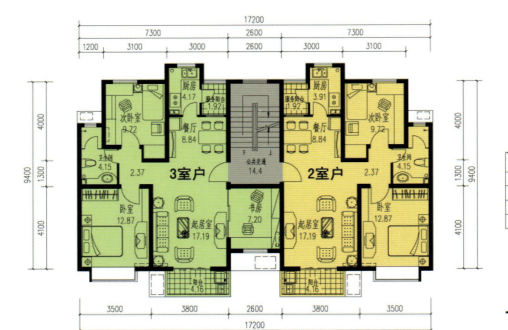

7.图6的放大版

开间、进深尺寸示意图

（2）在90m²小户型的限制下，一梯两户板楼的节地方案的探索（图8）

2. 满足节能省地要求，每单元多户成为设计趋势

一梯两户、南北通透的板楼能最大限度地满足居住者对采光和通风的需要，但对于那些高层带电梯的住宅，难免会带来较大的公摊面积。对于90m²以下套型，这个问题就更加突出。同时为了紧缩套型面积，往往需要压减住宅进深以减掉户型中部多余的面积，这就造成板楼的厚度有所降低，由此导致的容积率下降又无法满足节能省地的需要。因此，一旦"90m²"及以下面积的户型成为主流，一梯两户的楼层格局很可能将被一梯多户所取代，板楼在住宅建筑中的主导地位也将让位于塔楼、板塔结合等其他的建筑样式，这样才能解决得房率和节能省地两方面的需要。

每单元多户住宅单元的常用形式有：塔式、板塔结合式、连廊式住宅等，下面对比这几种住宅形式的优缺点：

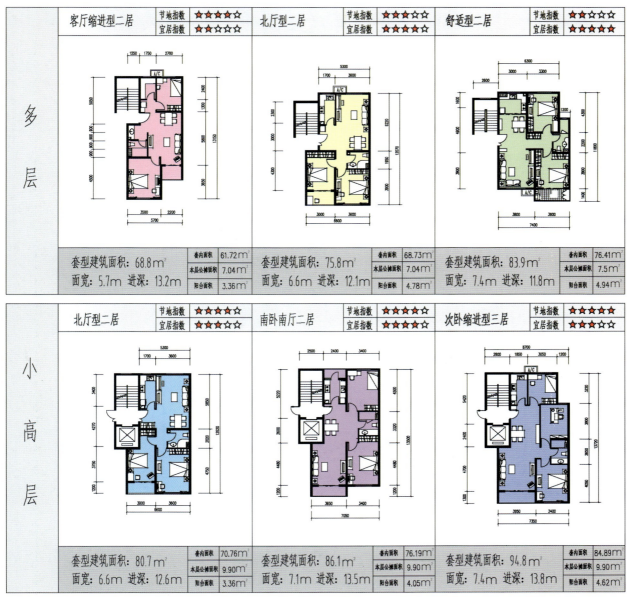

8. 此表为我们针对小户型住宅设计所做的系列研究之一（以板式住宅为例），探讨小户型面宽与进深的比例，旨在"节地"与"舒适"度之间寻找平衡点。

(1) 板塔中一梯3户、一梯4户的优缺点（图9～10）

优点：①均好性较好
　　　②通风采光较好

缺点：①每层面积不够大
　　　②有一定相互遮挡

9.一梯三户板塔平面示例

10.一梯四户板塔平面示例

(2) 板塔每单元6户以上的优缺点（图11～12）

优点：①容积率高、节地
　　　②户公摊面积小

缺点：①朝向均好性差
　　　②容易产生纯北户型

(3) 凹进处日照形成自遮挡，视野差

总的来说，板塔有下列优缺点：

楼型	优点	缺点
板塔	1.一梯3户时至少可以保证每单元有2户"南北通透"，1户"纯南向"。 2.板塔往往可以做"厚"，进深15～16m左右，对容积率贡献很大。 3.18层以下最有利，每单元3～6户不等，无需作剪刀梯，公共部分面积小，公摊少。	1.由于南向宽分配问题，每单元户型4户以上时，单户品质并不高，往往是"通透不通风"。 2.板楼部分南北通透的户型看上去主要房间朝南，但由于后退较多，日照及视野受两侧户型的遮挡严重。

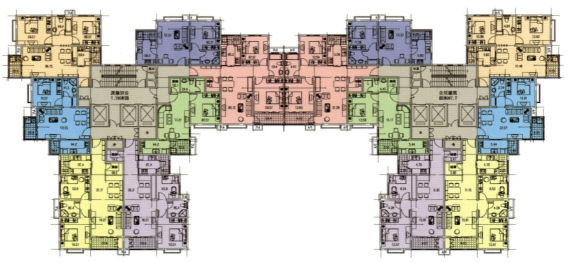

11.一梯七户板塔平面示例

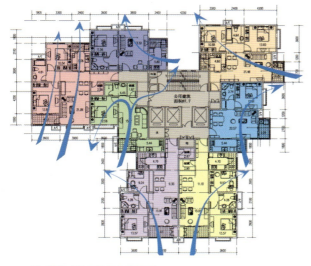

12. 板塔式住宅通风方案示例

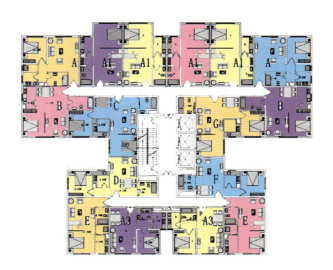

13. 塔楼平面示例

（3）塔楼的优缺点（图13）

优点：①节地，户公摊面积小

②小区规划中易形成视觉通透的效果

缺点：①朝向均好性差

②容易产生纯北户型

③对视问题严重

④每户外墙面占用少，通风差

⑤内部暗空间多

⑥日照形成自遮挡

（4）连廊式的优缺点（图14）

优点：①易于形成一室的小户型，作青年、老年公寓使用；

②楼、电梯共用资源节省；易满足消防要求

缺点：①楼道面积多

②私密性差

③对流通风不易解决

④小面宽时厨房对外开窗困难

14. 连廊式住宅平面示例

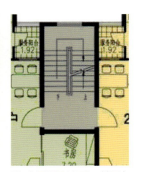   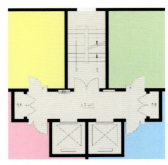 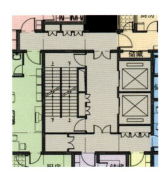

15.多层（7层以下）一梯两户交通部分面积13～15m²

16.中高层（12层以下）一梯两户交通部分面积22～26m²

17.中高层（12层以下）一梯4户交通部分面积33～39m²

18.高层（18层以下）一梯4户交通部分面积43～45m²

19.高层（18层以上）一梯6户交通部分面积62～83m²

3.对套型面积影响重大，住宅交通核户公摊面积应合理确定（图15～19）

经分析，多层住宅户公摊面积为6.5～7.5m²。

中高层住宅户公摊面积应比多层住宅户公摊面积增加4～6m²。

高层住宅户公摊面积应比多层住宅户公摊面积增加6～8m²。

4.目前市场上较为常见的小户型

下图为目前市场上较为常见的小户型楼书，这类户型的舒适度较好，但共同的问题是面积还不够经济紧凑（图20～21）。

三、套型层面上的小户型设计手法

1．整体平衡

从大户型改革至小户型，首先要保证各空间基本的使用功能。可通过降低面宽，压紧中部交通面积来使整个套型面积得到控制，同时应注意套型内各个功能空间的比例协调，不要过分强调或者削弱某一部分空间的大小，注意整体的平衡。

2．餐起合一（图22）

在可能的条件下将餐厅和起居室两个功能空间合一，省去走道面积，使用功能基本不受影响，空间的灵活性也较强。

3．"复合式"厨房（图23）

将厨房的功能进行拆分，把爆炒、储藏等功能分散到不同的空间，例如设置单独的爆炒间，部分橱柜及冰箱移入餐厅，设置服务阳台等。

4．"一个半"卫生间（图24）

由一个设置"三件套"的全功能卫生间加上一个仅设置便器和小型洗面器的"半卫"组成。对于家庭结构复杂、可能经常有客人留宿的住家，这个"半卫"可以起到很大的作用。而在没有客人留宿或家庭结构较简单的情况下，则完全可以将水道暂时封堵上，把"半卫"这间小屋子当作储藏室使用，这样空间的使用就可以更加灵活、也

20.21.目前住宅市场上的普通小户型住宅，面积仍有压缩的余地

更为高效了。

卫生间压缩后，洗衣机可放到生活阳台上，这样也方便晾衣。在设计时应注意在生活阳台上预设上下水。

5. 多功能空间（图25）

（1）"半间房"：在保证两间正常大小居室的同时，增添一个面积不大、最多不超过10m²的"半间房"，可以作为书房、棋牌室，又可以当成一间小卧室。

（2）"能分能合"：在设计户型时尽量设置一些可拆改的隔断墙，使住户可以根据居住需要分割和改造空间，隔出一间小卧室或一个读书角落，将某个空间扩大等。

6. 储藏空间（图26~27）

小户型住宅对于储藏空间的需求并不会减少很多，应充分利用可能的零碎角落设置储藏空间。

例如，生活阳台上可设置一定量的储物柜，还可利用走廊、过道上方空间做顶柜，服务阳台亦可承担一部分储藏功能。

四、结语

总的来说，针对于我国目前的住宅市场情况而言，倡导大力开发90m²以下的小户型住宅还是很有必要的。然而通过对于不同类型住宅的深入研究之后，我们认为此项政策在实际推行中还应稍作细化。

首先，应考虑不同类型住宅的公摊面积问题。在高层住宅中由于公摊面积相对较大，90m²住宅的实际使用面积较小，空间较为局促；在多层住宅中公摊面积相对较小，因此90m²的两室户稍为富裕，这样节地的高层住宅的户型设计会受到影响，不易做出舒适的户型，易于造成土地资源浪费。

其次，应考虑南北方住宅由于气候特征造成的差异。在北方地区，由于保温层及墙体厚度的增加，很难将三居室面积控制在90m²以下，特别是中高层以上的住宅。而三居室是大部分地区中的主力户型，市场需求量很大，势必造成供给和需求的不匹配。即使用户自行将小户型合并为大户型，也无法达到普通三居室的面积紧凑程度，不仅用户的购房资金增加，而且增加的面积中很多为走廊和厨卫面积，空间灵活度降低，改造费用增高。

最后，还应考虑小户型社区的设备等问题。70%面积是90m²以下小户型，意味着小户型的数量将超过总户数的70%。小户型的设备占成本比重较大，会提高每平方米的建筑造价，小户型社区容积率不容易提高，土地成本压力相对提高。且由于户数增加，需要增加相应停车位，也就

22. 餐起合一示例　　23. 复合式厨房示例　　24. 一个半卫生间示例

25. 半间房示例

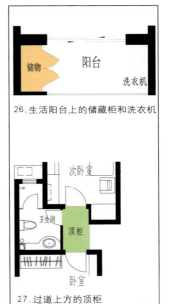

26. 生活阳台上的储藏柜和洗衣机

27. 过道上方的顶柜

相应提高了总建造成本。

随着我国城市化的推进，住宅的需求必然不断增加，住宅的开发和设计者们，更应在快速发展的大潮中保持清醒头脑，在设计中应充分体会使用者的切实需求，广泛借鉴国外先进的经验，追求户型的精细化设计，把我国商品住宅的户型设计提高到一个新的阶段。

作者单位：清华大学建筑学院

趣园何以"识趣"？
——花样小户型
Diversity of Small-Sized Housing

叶 光 Ye Guang

[摘要] 文章阐述了小户型存在的社会经济条件，小户型应市场的多种需求而演变出丰富的产品类型。强调城市中小户型的区位优势带来生活工作的便捷性，并揭示小户型从年轻人的"专利品"走向大众化的"消费品"。

[关键词] 小户型、供求关系、产品概念

Abstract: The socio-economic conditions of small-sized housing are clarified, and the diversity of small-sized housing under diversified household's needs is introduced. The locational advantage of small-sized housing is emphasized, and it is pointed out in the discussion that the small-sized housing is increasingly attractive to a growing consumer group.

Keywords: small-sized housing, supply and demand, product concept

曾经有个项目，曰"趣园"，那得追溯至2003年的深圳，当时号称"深圳第一家私人酒店"，广告上冒出"第一家私人会所"、"私房"、"少数派"等花样名词（开发商叫花样年），强调一个"私"字，所谓"第三地"。诸如此类的鲜活概念灌输给了颇为务实的深圳，倒别有风情。那时笔者作为业内人士慕名而往，因为没有"预约"，更因为不是买家，冷遇便理所当然，幸好尚不至于吃闭门羹。于是感觉趣园并不有趣，或许就是自个儿不识趣，不是人家目中无人不识趣。现在想来，记忆犹新，趣园怎一个"趣"字了得？

其实，那不过是小户型，面积从47m²到70m²。放在2006年的宏观调控新政下，显然合情合理，顺应时势。但人家说只服务"少数派"，与如今的"大众化"相去甚远。既往不咎，可即使新政不限定"9070"，小户型依然是行业内年年都要说的话题，无他，市场规律而已，尽管小户型已然带上了政治、道德色彩，比照的是"和谐社会"如雷贯耳、深入人心。关于政治、道德，非本文所及，要探讨的是：市场怎么看？市场的参与者——开发商如何作为？

毗邻而居，怎能忽视香港？那可是小户型大行其道的天下，从总的供应量上看，开发商推出的100m²以下单位就占到80%~90%的份额，这是多大的一个比例？事实上香港政府并没有限制开发商一定要开发什么户型，而且因为"公共房屋"的小户型由政府提供，如果从市场细分及规避来看，开发商自由选择100m²以下户型是不明智的。坦诚而言，香港的开发商非常成熟，他们不是慈善家，但在户型上如此关注普通人，理应是市场使然。固然，我们的地产发展环境及模式等诸多方面与香港有所区别，但如果说居住的需求是刚性，在这一点上达成共识，那么，人口结构便成为户型演变的关键考量因素。从家庭结构看，平均

1.2.3.4.趣园户型平面图

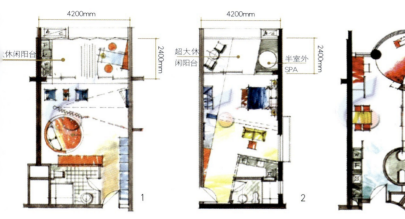

人口从五六十年代的五六人逐步降到三四人甚至二三人，这是历史及趋势，那么，政府的小户型政策，则从某种意义上暗合了市场。

撇开政治与道德，小户型原本就有根深蒂固的"宏观"基础，更不用说房地产关系着国计民生。前文提及的人口结构便是其一。许多人不假思索一上来就反对小户型，认为大户型提高舒适度从而达到小康生活，仅从惯性思维分析就判断小户型的命运，难免陷于市场设计的"圈套"。市场不只是迎合，还可以引导，甚至是创造。

国内现有的经济发展模式，为城市小户型提供了发展空间。中国的经济是典型的"样板"模式，总是将大多数的资源倾斜到北京、上海、深圳等这样的大城市，缔造一个个经济发展的"样板"。深圳特区、上海浦东以及新近的天津滨海新区，不就这般崛起的？作为土地、资金、人口三大生产要素之一的人口，从各地涌来，量的剧增导致了居住问题日益显现。于是，土地稀缺突出，提高资源使用效率的小户型正好担当重任。君不见，星罗棋布的小户型往往诞生于大城市，而中小城市，哪里寻得着呢？深圳的城中村，也不正是小户型的承载体？

大城市的高速发展使得城市规划滞后，且不说城市化进程中的那些中小城镇了。人口的膨胀给规划发展带来了挑战。城市已经呈现车辆拥挤、人行困难、交通堵塞、环境污染等重大问题，故而有效分流中心人口便成了城市健康有序发展的头等大事。但，以何种方式分流并分流哪些人群才是有效的城市管理或规划？无论是"摊大饼"、"卫星城"还是"多中心"，仍无法摆脱商业、办公、居住过度密集于城中心的事实。城中心房价过高，众多中低收入人群被动离开并边缘化，工作与居住的分散不仅造成通勤成本提高，还加剧交通的恶化，这不利于城市的良性发展。理想的模式是让高收入人群主动郊居化，而不是中低收入人群的被动郊居化。中低收入者留居城中心，依靠中心城区发达完善的交通系统解决通勤，而高收入人群由于交通工具多为私家车，通过各种快速干道的捷运系统即可，同时，郊区房价较低，可追求大面积，以满足高收入人群的身份感。既然让众多的中低收入者留居城市中心，那么如何面临这些群体收入较低和中心房价过高的矛盾？两个选择，其一单价降低，其二总价降低。显然，市场选择了第二种路径。单价随行就市，降低总价，必然要减小单元面积，小户型应运而生。难怪香港的小户型大兴其道，开发商们都奔着80%的小户型去了。大城市房价高，资源占有丰富，高有高的理由。在这种前提下，小的就是好的！

只有供应，不讲需求，不是市场的逻辑。供应结构是政策着力解决的一个问题，是供需错位。大户型供应多是否意味此方面的需求旺盛？未必，这个旺盛的需求不代表大多数，甚至是扭曲的信号，这里面隐含了投资、投机、

5.6.7. 趣园实景照片

4 5 6

以及金融、住宅保障体系不匹配等因素。事实上，城市发展过程中，由于规划的滞后乃至缺失，使得大小状态无序。小户型只有城市中心见缝插针，一面世便热销。

热销给谁了？认为都是小年青买去了，小户型是小年青的专利，这个想法实在缺乏创意。尽管目前买小户型的大多数是小年青，但一想到小户型就想到小年青，可真不识趣！"趣园"可不是卖给小年青的。不妨深入了解一下，年轻人为什么购买小户型？个性？炫？耍酷？总价低？这些都重要，但不能忽视小户型的便利。交通方便、购物方便、交友方便、娱乐方便。转身一想，只要想追求方便的人都希望住在市区，如此一来，小户型的受众面就大得多了。谁说只有年轻人买小户型？繁忙的商务人士，在市区购置一套小户型，方便上班和商务活动；富裕阶层，市区的小户型是私人天地，"趣园"不就这么来的？只要进行细分，小户型的空间大着呢。就深圳看，"二奶"现象突出，这些二奶们住的可大都是小户型。于是有人戏称"暧昧的小户型"，一句"住在春风里"，开启了"情色"篇章。譬如"非常男女"、"恋爱季节"、"一世情园"、"非常宿舍"、"锦上花"。真是花样小户型，"让生活更有风格"，张扬的个性发挥得淋漓尽致。不要以为小户型只是小开发商的奶酪与专享，实力不可小瞧的京基，其开发的"御景华城"，打造"拿波里风情园林"，实现了小户型、大社区；而大牌招商的"城市主场"，那句"不是你的故乡、却有你的主场"让都市流浪的人儿激动不已。

总结小户型，往往位于城中心区域。往远的去，不乏想像，小户型可以是度假或商务兼而有之。抓住主流——城中心的小户型，在客观上强调生活工作便利，自身则无非有两个开发套路，或是突出产品，或是突出服务。服务容易理解，酒店式公寓便是打着这旗号。难点关键在产品。其必要条件在于，适宜的功能定位、合理的面积分配、良好的室内空间、精致的细部设计、完善的社区配套。在设计上，出彩的地方还有装修，这是开发商应该提供的。利用空间、色彩和材质的视觉误差，让小空间长大。比如进门的过厅处是和墙面凹处融为一体的衣柜；厨房与餐厅半开半闭，相互拥抱，形成半开放式的大空间；色彩清淡浅亮，浅的颜色能延伸空间，让空间看起来更大；妙用柔软曲线，在墙面上相间地涂上两种浅暖色的涂料，线条与地面平行，横线条由下部往上逐渐变窄，给人一种放大延伸的感觉；光效方面，曲线形射灯有利于灯光兼顾到房间的各个角落。在面积狭小的居室中，让灯光自下而上柔和地照射在房间的天顶上，要比从上向下直射的灯光怡人得多。此外，为扩大空间而运用大面积浅色系，会使空间略显沉闷单调，利用一些小饰品来提亮空间，颇有情趣。

产品成型，推广起来则需要赋予概念了。识趣的趣园

便是极好例证。小户型不乏概念,试列举如下:

STUDIO,原意为工作室,针对中小型服务企业——"发展中企业";相对于写字楼面积更小;对地段要求较高、交通方便、周边配套设施齐全;灵活小巧的空间设计;共享一流资源,包括共享律师、共享会计师、共享秘书;商住两用等。

SOHO,起源于20世纪80年代的纽约,因艺术家云集而出名,那里风情独特,有纽约最另类、最有品位的商店、画廊和餐厅。后来有日本人在建筑中引用了SOHO这个词,即是"Small Office Home Office"的缩写,意为小型的、家庭的办公室。

LOFT,英语的意思是指工厂或仓库的楼层,现指没有内墙隔断的开敞式平面住宅。LOFT发源于六七十年代美国纽约的建筑,逐渐演化成为一种时尚的居住与生活方式。它的定义要素主要包括:高大而开敞的空间,上下双层的复式结构,类似戏剧舞台效果的楼梯和横梁;流动性,户型内无障碍;透明性,减少私密程度;开放性,户型间全方位组合;艺术性,通常是业主自行决定所有风格和格局。

SOLO,原本指独奏、单独、单飞。在这里,它指的是超小的户型,每套建筑面积在35m^2左右,卧室和客厅没有明显的划分,整体浴室,开敞式环保节能型整体厨房;公共空间也SOLO化,即24小时便利店、24小时自助型洗衣店、24小时自助式健身房等。

蒙太奇(Montage),属设计原理。最突出的特点是以小户型面积标准为基本设计单元,可按积木式自由组合成各种中、大户型,甚至是1000m^2以上的超级户型。其楼内无承重墙,空间过渡没有任何明梁、暗梁。大空间平面(free plan)模式,所有蒙太奇的户型都是"活"的,客户在购买时就可以按需定做。通俗地讲,如果你对户内的格局不满或更进一步,想实现户与户之间的合并,不管你对空间有什么想法,马上会被告知,在蒙太奇的积木式自由组合户型中都能够得到实现。

费了这么些口舌,做起来并不易,在小小的面积里做出品质且五脏俱全,尤其是弹性组合变成模块,但这正是彰显开发商实力的好机会。或许,应该成为开发商品牌战略的重要内容。可以预见的是,小户型必然从年轻人的"专利品"走向大众化的"消费品"。

作者单位:深圳市万科房地产有限公司

我住故我思
——"小户型"概念发展及需求变化
I Live, therefore I Think
The Development of 'Small-sized Housing' Concept and the Change of Housing Needs

李 莉 王新征 *Li Li and Wang Xinzheng*

[摘要] 文章以亲身体验，浅谈北京"小户型"概念的发展过程以及使用者的需求变化，并提出对今后小户型设计的一些建议。

[关键词] 小户型、小户型改进设计

Abstract: By personal experiences, the author discusses the development of 'small-sized housing' concept in Beijing and the change of housing needs. He also gives some suggestions to the small-sized housing design in this paper.

Keywords: small-sized housing, small-sized housing design

引言：笔者，北京人，工作5年，现蜗居于清华大学周边58m²之一居，同龄朋友居所多属于"国六条"新定义的小户型范畴，在此谨以亲身体验，浅谈北京"小户型"概念的发展过程以及使用者的需求变化，并提出对今后小户型设计的一些建议。

一、"小户型"未出现时的小户型

直到20世纪90年代初，北京还没有出现小户型的说法，当时以板楼为主的家属院，是人们从平房进住楼房的起点，户型多为一梯两户或三户，一居建筑面积约40～50m²，二居建筑面积约60～70m²，三居建筑面积约80～90m²，均可纳入"国六条"后的小户型范畴，这个时期出房率高达80%或以上。

福利型住房的套型总面积虽不大，但是从长期居住的角度来进行设计，多为南北朝向，采光和通风较好，主卧较宽敞，并设置了开敞的阳台——后来居住者由于安全、保暖和储藏等多种原因，大都自行做了阳台密封。

20世纪80年代和90年代初的户型设计随着时代的发展，暴露出了越来越多的不适应性。比如，当时对会客的需求还未普及，所以厅的面积一般很小，多为暗厅；缺少独立的就餐区域，没有考虑后来通用的家电——冰箱、洗衣机的摆放问题等。

下面以朋友居住的一套建于1983年，建筑面积为84m²，使用面积为66m²的老三居为例，说明人们使用需求的变化（图1～4）。

该户型只有过厅，缺少就餐及会客区域，本来就不大的卫生间因为放置了洗衣机，空间更显狭小。

使用者于2005年对房间进行了改造。

1. 将入口处的一居室作为厅使用，并与阳台打通。

2. 中餐制作区挪到北侧阳台上，将原有厨房墙体打掉，在该区域设置了单侧的开放型西厨，以及洗衣机和冰箱的机位，并放置了餐桌。

3. 重新布置因取消洗衣机机位而空间扩大的卫生间。

改造后的小户型与2000年后北京一些低密度板式住宅的两居标准平面很相似，说明其基本上适应了目前的使用需求。

二、"小户型"和"超小户型"

1995年以后的10余年内，北京的经济和建设迅速发展，外来人口急剧增加，福利分房逐渐被购买商品房取代，由于地价上扬，重点区域的土地资源稀缺，房屋价格上涨。考虑到不同的购买需求，"小户型"和"超小户型"开始出现并火爆起来，主要位于地铁沿线、CBD区域和中关村区域。以中关村为例，就有"非常男女"、"逸成东苑的A计划"、"清枫华景园"等小户型楼盘。

由于土地资源的稀缺和开发商对利益的需求，这个时期的小户型建筑多为小高层或高层塔楼，两梯多户，公摊加大，出房率已降低到70%左右甚至更低，一居销售面积为

1. 改造前的老三居平面
2. 改造后的居住平面
3. 与餐厅结合的西餐台
4. 扩大面积并重新布置的卫生间
5. 笔者的一居室住宅平面
6. 笔者同楼栋的其他一居室住宅平面

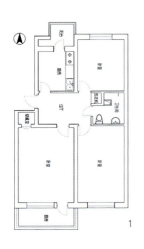

50~60m²，两居销售面积约为70m²，三居面积约为90m²左右，超小户型的面积在30~50m²之间，与该时期的主流居室为一居70~80m²，二居110m²左右，三居130~140m²。这个时期的小户型设计主要针对租赁或短期过渡性居住的消费群体，是新就业群体避免频繁租房的一种途径，也就是低档公寓或高档宿舍。由于其利润相对"大户型"较低，开发商对其重视不够，设计上存在着很多弊病。如户型朝向差、通风差、房间面积过小，并且因为封闭式阳台也计入销售面积，很多小户型没有阳台，也未考虑晾衣问题。

下面就重点以我所居住的"小户型"为例进行说明。

户型一（建筑面积57.78m²）的朝向是整个楼里最好的，但是存在着如下问题（图5）：

1. 相对套型面积而言，厨房过大，没有独立的就餐区域；
2. 没有阳台，缺少晾衣空间——居住者只能在厨房的洗衣机上空和卫生间的淋浴房上空各安了一根短竿；
3. 卧室太小，加上房型和设计原因，家具摆放限制较大。现有布置虽然在空间使用上比较舒服，但是床靠窗，对居住者的健康不利。

笔者所住的建筑1~3层为底商，4~14层全为50~70m²的一居室套型，大多都存在着房间过小，厅没有独立的采光，没有考虑晾衣区域，实墙面

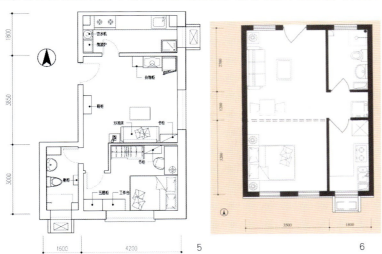

少，缺少储物空间，只设计了一个空调机位等问题。图中这套建筑约52m²的一居室，北侧的窗户是通用走廊（图6）。

三、"国六条"下的"小户型"

今年，"国六条"的实施，对降低购房总价和购房门槛，减轻居住负担和消费者经济压力，扩大消费者的范围有很大的积极作用，其所制定的将70%户型的建筑面积控制在90m²以下，也意味着新定义下的"小户型"要满足长期或相对长期的使用需求。规划与户型设计不仅要与目前房地产市场化所对应的高容积率、大进深、大公摊、低出房率的现实情况相结合，而且要尽量满足消费者现有和未来十几年乃至几十年的使用需求。

1. 建筑技术的发展使越来越多的墙体可以解放出来，应充分利用这一优势，尽量以方便改造的轻质材料、透光材料来分割功能，使居住者能比较容易地根据功能变化来改变空间的形态、位置和尺寸，让空间具有更大的弹性和适应性。

2. 居室的大小应合理。90m²的建筑面积实际也限制了房间的数量，如果单个居室过小，功能模糊和空间复合的可能性就降低了，比如对新定居于北京的年轻一代消费者，次卧常常要担负其父母来京短期居住的功能，所以除了必要的固定家具外，还应至少有能放置一张双人床的空间，同时，一定的房间面积也是保持长期居住舒适性的必要条件。

3. 面积分配应该合理。卫生间和厨房的面积应适当；阳台可以不单独设置，但应有相对独立的晾衣空间。

4. 注意细节设计。如合理的面宽和进深，适当的门窗面积和开启位置，保证一定面积的可放置家具的实墙，有足够的储藏空间以避免产生杂乱的居住环境，起居室和各个卧室都应预留空调机位，等等。

总之，小户型定义的产生和变化，反映了时代的进步和消费者居住需求的变化。"国六条"的颁布给住宅规划师和设计师提出了新的任务，我们必须反观历史，把握将来，将设计与需求统一，将舒适与经济结合，让更多的宜居小户型社区散布在京城各地。

作者单位：李　莉，北京清诚华信都市建筑设计研究所
　　　　　王新征，北方工业大学建筑工程学院

功能模糊与空间复合
——一个标准大一居的改造实践
Ambiguity of Function and Integrity of Space Renovation of a Two-room Apartment

于 伟 Yu Wei

[摘要] 本文采用功能模糊与空间复合的手法对一室一厅户型进行改造，打破了传统住宅设计功能严格分区的组织方式，是小户型设计中值得借鉴的设计手法之一。

[关键词] 小户型、功能模糊、空间复合

Abstract: A two-room apartment is renovated according to the principle of ambiguous function and integral space. It is a breakthrough to the traditional division of functions and spaces in housing design.

Keywords: small-sized housing, ambiguous function, integral space

一、前言

房价飞涨时代怪现状之一就是对高效、适用住宅户型的需求变成了一种奢望，大量以满足开发商最大盈利为目标的户型产品充斥市场。我们知道，单户套型面积越大，开发商获益越多，于是在标准层的角落里出现了大量的大面积一居室，个别一室一厅户型面积甚至达到了100m²，房间数量少，面积大，很不实用。年青一代是小户型的主要消费群体，户型设计必须针对年轻人的生活特点进行创新，传统住宅设计的功能分区、动静空间在小户型的设计中是可以打破，进行创新的。本文以笔者参与的一个大面积一居室室内设计为例，对这一问题进行探讨。

二、原户型问题与业主需求

住宅位于北京中心城区，为三梯10户塔楼公寓。原户型为南向一室两厅，建筑面积90m²，套内面积73m²（图1）。该户型布局较为规整，功能房间布局尚可，但起居室、卧室、卫生间面积都比较大，功能独立，分区清晰，可以满足一个两口之家的要求。

两位年轻的业主均从事半自由职业，一位是媒体工作者，一位从事平面设计工作，他们提出了六个具体要求：

1. 一个相对独立的主卧室
2. 一个能够偶尔留宿客人的次卧室
3. 一个能够举行小规模聚会并带有投影设施的客厅
4. 两个互不干扰的工作空间
5. 尽量多的储物空间
6. 简单实用的小厨房

如上这六点要求充分反映了目前年轻一代的居家观念，除日常起居之外，小小的家还要提供工作、学习、社交的使用功能。

三、改造设计

如果按照单独的功能房间计算，满足如上六项功能至少需要100m²的使用面积，如何在73m²的空间内解决这些需求？我们提出了功能模糊和空间复合的概念。

功能模糊，是指与传统的住宅房间功能划分不同，通过空间流动、家具组合等设计手法将房间功能模糊化，并能根据具体使用要求和使用频率进行变换或者组合，从而达到一室多用的目的（图2）。本案的客厅既是日常起居

1. 原户型平面
2. 日常布局平面
3. 聚会功能平面
4. 居于卧室一隅的读书空间

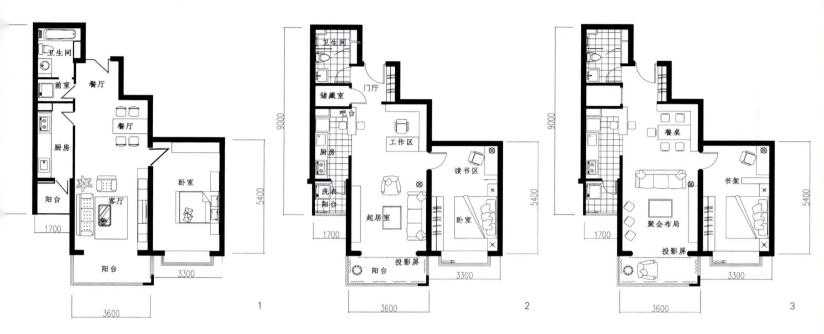

室,又可调转沙发、拉下阳台横梁后的投影屏形成较大的聚会空间,打开沙发床还能解决偶尔客人留宿的问题;原来的餐厅位置通过家具组合变为一个工作的场所,需要的时候加几把椅子就会成为标准的餐桌;主卧室进深5.4m,面积17.8m²,根据房间进深较大的特点布置了一个相对独立的读书角,成为第二个工作空间;原入口区宽度较大,通过衣帽柜和造型墙的简单设计形成了小门厅,既解决了视线直视问题,又提供了缓冲空间和储物功能。

空间复合,是指通过在同一面积上的功能叠加的方法,实现空间的高效利用,在本案中主要表现在交通空间的多重利用方面。原户型平面交通空间狭长,浪费了许多面积。设计中采用减少通道长度,增加通道所服务的功能,以及通道本身多功能化三种方法实现了交通空间的复合化(图3)。经优化后的住宅平面使用效率大大提高。比如开敞厨房的设计形成一个可作为双人餐桌的转角吧台,两侧的吧椅利用的就是客厅和厨房的通道;将洗衣间移至厨房阳台,原卫生间前室改为储藏室的设计就是压缩了原来进入卫生间的通道面积,从而获得一个非常实用的储藏空间。

这是一次完全从功能角度出发的实用设计实践,是对传统居住观念的一次打散和重构。时隔半年再见二位业主,一句话感触良深——好用,因为跟我们的生活节拍吻合!

作者单位:中国城市规划设计研究院

5. 限定空间的入口门厅
6. 利用厨房和起居室交通空间设计的吧台
7. 带沙发床的起居室
8. 兼有餐厅功能的工作区

田园城市理论的思想渊源
An Intellectual Retrospect of Garden City Theory

张 勇 史 舸 Zhang Yong and Shi Ge

1.埃比尼泽·霍华德(Ebenezer Howard)
来源:《Letchworth Recollections》,Egon Publishers Ltd., 1995

[摘要] 为了更准确地理解田园城市理论的内涵,本文以田园城市三大目标为分类线索,详细分析了影响其理论形成的一些思想渊源,包括:英国激进主义思想,Thomas Spence、Herbert Spencer的土地公有制思想,Henry George的单一税思想;Wakefield、Marshall的组织实施思想,Bellamy的国有化思想;Kropotkin的逆中心化思想,Buckingham的几何形城市空间布局,Richardson的公共健康思想。

[关键词] 霍华德、田园城市、思想渊源、城市规划理论思想史

Abstract: In order to understand the real spirits of Garden City, this paper uses the three goals of Garden City as the clue, to analyze some thought sources of the Garden City: radicalism in England, land tenure system proposed by Thomas Spence and Herbert Spencer, Single Tax thought of Henry George; organization proposals of Wakefield and Marshall, nationalization thought of Bellamy; decentralization thought of Kropotkin, model city proposed by Buckingham, public health thought of Richardson.

Keywords: Ebenezer Howard, Garden City, Sources of thought, History of Planning Theory/Thought

一、引言

霍华德的田园城市理论被绝大多数人公认为西方现代城市规划的奠基石,但同时,许多学者都注意到,人们"在理论与实践中长期的、有意无意的错误解读"(Ward, 1992)了其思想核心,忽视其社会改革目标,将其视为物质性规划,关注和熟知其形态设计内容。

对此,国外有观点认为是由于其名字与"花园郊区(Garden Suburb)"易产生混淆所致。金经元(1990)则认为是由于其社会改革理想在面对现实利益时遭到阻碍而无法真正实现,这使得后人回避其核心思想、注重其物质性思想。

笔者认为还有两个可能的原因:1)早期的物质规划观,导致对霍华德理论进行物质性解读;2)霍华德的土地公有制等激进思想,不但与现实既得利益冲突,也和社会整体意识不符,导致人们对其社会改革目标的忽视。

中国的情况有所不同:1)在长期的社会主义计划体制下,社会改革思路没有意义;2)城市规划脱胎于建筑学,具有重物质形态、轻社会经济的思维定势;3)在引进一种西方城市规划理论后,往往注重其内容,而忽视其产生过程、背景,造成对其内涵的理解偏差(姚秀利、王红扬,2006)。

因此,为了更准确的理解、借鉴田园城市理论,笔者认为有必要对其直接思想渊源进行分析。

二、田园城市理论研究的简述

西方城市规划界对田园城市理论的研究，大致可分为：

- 理论内容整体，如Mumford(1946)、Osborn(1950)、Fishman(1977)、Hall(2003)；
- 意义与影响，如Buder(1990)、Ward、Fishman(1998)；
- 与新城运动，如Hardy(1991a、b)、郊区化，Read(2000)、可持续发展，Blowers(1993)、新城市主义，Calthorpe(1993)之间的关系；
- 建设实践，如Osborn(1970)、Miller(1989)；
- 个人传记，如Macfadyen(1933)；Beevers(1988)；

涉及其思想渊源的相对较少，主要代表有Osborn(1950)、Fishman(1977)。

国内则多集中在理论与实践解读、意义与影响两个方面，如金经元(1990,1996,1998a、b、c)、唐子来(1998)、吴志强(1999)等。而详细介绍其经历、思想渊源、社会历史语境的较少，只有宋俊岭(1998)、马万利、梅雪芹(2003)有部分涉及思想渊源，且分量不足。

较少研究其思想渊源的原因，笔者认为可能有四方面：

1. 霍华德对自己理论的思想渊源已有过明确的论述（但省略了许多）；
2. 城市规划学者与实践者往往关注理论具体内容的解读、运用（静态），而非其思想文脉（动态）；
3. 城市规划学科的历史研究（尤其是理论思想史、传记史）起步较晚，历史观与方法论并不完善；
4. 田园城市理论所具有的标志性，易使人们重视其开创性、启发性，而忽视其继承性、历史性。

三、田园城市理论的思想渊源

霍华德坦承自己的思想是受了许多前人思想的影响与启发，是"各种建议的结合"，并在书中设有专门章节进行论述。他认为历史上那些最重要的发明很少是最具原创性的，而是对一些已经广为人知概念的独特应用。

但这并不能否定霍华德的伟大、田园城市的"独一无二"，因为只有他看到了众多相关领域、理论思想间的联系，并将之综合、融入到自己的理论思想中。正如Fishman所说，"这实际上是把为其他用途而锻造的零部件，独创性的组织在一起，形成一部有用的新机器"[1]。

霍华德明确承认的思想渊源有三类：

1. Wakefield[2]和Marshall[3]关于有组织居民迁移的建议；
2. 由Thomas Spence[4]提出、后被Herbert Spencer[5]所修正的土地所有制；
3. Buckingham[6]的样板城市。

此外，根据霍华德的主要经历、相关资料以及其理论内容，可以看出其他一些思想渊源：英国激进主义思想；Bellamy[7]乌托邦社会主义色彩的国有化思想；Kropotkin[8]的逆中心化思想；Henry George[9]的单一税思想；Richardson[10]的公共健康思想。

为便于论述的清晰，本文按照Osborn(1950)所归纳的田园城市三大目标，将这些思想归为三类进行论述。

1. 与社会相关的思想

霍华德对社会问题的理解受到了英国激进主义的影响，其所设想的解决途径，即对土地制度、社会合作等问题的处理，则是受了Thomas Spence、Herbert Spencer、Henry George等人的启发和影响，后者的共同点是：土地公有，成立合作公司拥有土地所有权与运作权、土地收益共享。

（1）英国激进主义思想

1876年霍华德从美国回到伦敦成为议会和宫廷的速记员，继续关注各种社会政治经济问题，并参加了一系列学习小组，接触和吸收了许多激进主义思想。

激进主义者认为，当时英国在经济上是腐败、非人道、低效率、不道德的，政治上是虚伪的民主、权力高度集中于少数人；而在乡村，少数大地主几乎垄断了土地拥有权，使得农夫没有自己的土地，只能背井离乡拥挤在城市贫民窟中，被富裕资本家们所剥削。这种情况将导致社会的两极分化、暴力冲突、毁灭。

他们提出的药方是民主与合作，更高层次的社会组织形式——合作共和国：打破土地垄断，彻底的土地改革，使农夫离开贫民窟回到土地上；用小规模的自愿合作来代替追求利润的大资本主义工业生产方式，通过利润分享消除工人与资本家的差别，从而结束阶级冲突，实现合作社会主义。

但问题在于，激进主义者缺乏明确的战略行动方案，因其同时拒绝导致社会变革的两种主要动因——政府介入与劳工运动，认为前者的权力集中是极其危险的，而后者导致的阶级斗争则是现代社会的罪恶之一。

可以看出，霍华德的土地及地租公有、以利润共享解决阶级冲突、强调小规模自愿合作企业和民主合作的思想，都有着激进主义的印痕。但两者的区别在于，霍华德的解决方案不是在城市内部，而是跳出现有城市，且解决途径是渐进、改良的。

（2）Thomas Spence与Herbert Spencer的土地公有制思想

Herbert Spencer在其第一本著作《Social Statics》（1851）中，根据进化理论为个人自由进行辩护，并提出了一系列激进观点，包括土地的国有化，但过于激进而无法实际操作。因此霍华德虽然赞同其观点，但并没有从中得到有价值的收获。

Thomas Spence（Herbert Spencer的叔叔）的名声虽小，但对霍华德的影响却很大。在其著作《The Real Rights of Man》（1775）中，提出了自己的土地公有制方案：以教区为基本单元成立合作公司，拥有土地所有权，实行单一税，所得土地租金归合作公司所有，并用于教区的公共事业，如建设道路、建设与维修住宅，并在收支平衡后会有所富余。

显而易见，这种主张不但直接体现在田园城市土地公有的制度设计中，而且与后者的组织运作方式也极为相似，只是从城市内部的单个教区变为城市外部的新城市，从教区合作公司变为田园城市公司，并放弃了不太现实的单一税。

(3) Henry George的单一税思想

George在其著作《Progress and Poverty》(1879)中，也提出了单一税的概念，但其基础是认为劳资间不存在真正冲突、当时社会利益的主要矛盾是土地所有权等观点：

- 大地主通过对土地的垄断，要求高额租金，占有通过物质生产过程所增加财富的最大份额；
- 而这原本应该属于真正创造财富的工人及企业家；
- 经济秩序的颠倒，使工人阶级陷于贫困、制造商处于险境，扰乱了供需平衡；
- 这才是衰退、阶级冲突、贫穷不断蔓延的真正原因。

由于有了这种分析，George的思想更令英国激进主义者信服，后者认为以其方法可以一次性有效地实现土地改革计划。霍华德赞同George对社会问题根源的分析，但并没有完全采纳单一税，只是接受了其协调、和解的思想，因为这种做法将对整个阶级财产进行征用，因而是不切实际的。

霍华德采取了折中、渐进改良的土地改革方式，通过土地租金来偿还建设债务，使土地所有者不断减少，最终使个人得益的土地私人所有权被社会得益的集体所有权所取代。他相信，通过田园城市的普及将改变当时的不合理状态，从而推动经济及社会的非暴力变革，即"通往真正改革的和平之路"。

2．与组织管理相关的思想

田园城市不仅仅是一种城市理想，更重要的是理想与行动结合的产物。事实上，霍华德并没有过多考察城市新模式的具体细节，而是更多的阐述、论证实现该理想的方法。而这种方法的制定，是受了Wakefield、Marshall、Bellamy等人的影响，接受了前二者的思想，对于后者则是先受鼓舞与启发、继而怀疑与否定。

(1) Wakefield与Marshall的组织实施思想

Wakefield在《Art of Colonization》(1849)一书中，提出了一个殖民聚居地建设模式：一群移民来到新殖民地时，应以一座中心城市为建设的开始，它被周边的农业社区所环绕，并作为后者的农产品仓库所在地。

这种模式在田园城市中得到了清晰的体现：殖民地化(Colonization)类似于田园城市的建设过程，而移民则是抱有共同理想的居民和投资者，处于中心的田园城市被乡村所围绕。所不同的是，田园城市中的居民并不从事农业，而是制造业。

Marshall则分析了铁路网发展与城市商业发展之间的关系，认为覆盖整个英国的铁路网系统，导致产业高度集中于伦敦，这是经济上的不理性，许多产业完全可以疏散到更远的地方，因为成本更加低廉（土地丰富而廉价）、运营更加高效。因而，他建议成立专门的委员会，买断伦敦城外适合的土地，建立新工业园区，以调整工厂布局，并以工人外迁来疏散城市人口。同时预测，由于新工业园区土地价值的快速上升，土地委员会将获得可观的利润。

霍华德在自己的方案中采用了Marshall的实施思路，并结合Thomas Spence的教区模式进行了适当的改变[11]：

- 首先成立一个非赢利公司；
- 发行债券以融资，用以购买城市外的农业用地，并进行方案布局；
- 建设道路、水、电等公共设施，宣传方案及回报可行性以吸引投资者和居民；
- 公司拥有土地所有权，每年部分的土地租金用于回购债券，剩余部分将用于社区服务；
- 随着债券持有者的减少、人口与租金的增加，最终将全部购回所有债券，此后每年所有的租金将完全用于维持学校、医院、文化机构、慈善等公共事业，而不需再收税。

(2) Bellamy的国有化思想

Bellamy的小说《Looking Backward》(1888)，对1850~1875年间欧美国家工业衰退、劳工骚乱及其根源（工业资本主义）进行了抨击，并以浪漫主义手法描绘了一个美好的乌托邦社会：

- 通过道德原则而非纯市场原则来组织社会，中央计划取代市场竞争；
- 所有工业企业被整合成一个政府所有的大型合作企业；
- 商品分销权被集中于一个大型超级市场集团，在每个城市与乡村设有分店；
- 贫穷与失业消失了，所有适龄公民都能得到适当的工作、同样的工资。

该书得到了英国激进主义者的广泛称赞，霍华德也深受其启发和鼓舞。但随后，他对这种国有化(Nationalization)概念是否能够迅速改变英国工业及其适用范围与规模产生了怀疑，也并不赞同政治和经济上的独裁主义、中央集权及其将权力集中作为改革的关键、对官僚集权管理效率抱有信心等观点。同时，他始终认为任何人都无权将任何制度强加给未准备好的市民，公私部门间的转化必须随着市民接受程度的增加而逐渐进行。

但霍华德还是希望，那些位于城市外围的私人企业能够率先形成大企业集团，或者通过利润分享而带有合作色彩。因而，他开始着手设计实验性样板社区方案，而最终的田园城市理论采取了社会秩序与个人自由适度平衡的折中模式：

- 放弃政治独裁主义；
- 土地公有并集中管理、地租共享、社会合作，以体现国有化思想；
- 渐进的实现过程，允许私人、集体企业并存，将选择权赋予城市居民。

3．与空间相关的思想

(1) Kropotkin的逆中心化思想

在对Bellamy独裁主义、中央集权观念的修正中，霍华德受到了Kropotkin的影响，后者在《Fields, Factories, and Workshops》(1899)一书中提出：蒸汽动力、铁路是产生大工厂、大城市的原因，而电气时代的来临将导致快速的逆中心化，那些集中的大城市将注定消失。并设计了一种类似小规模合作社的"工业村(Industrial Villages)"：以电能为动力，集体合作拥有"村舍工厂(Cottage Industries)"，能够比城市工厂更加高效，工人们居住在优美的乡村环境里。

受其影响，霍华德逐渐坚信，随着人类向着更高阶段的大同社会前进，在未来社会里大城市将会消失，因为：

1）大城市本质上并不适合那种承认和发扬个人社会天性的、合作式文明的理想社会；

2）为了解决城市财富过分集中、城市土地价格高涨、大量贫民窟等问题，需要权力高度集中的政府，而这恰恰是霍华德所无法容忍的。

虽然这是一种反城市主义思想，但霍华德对大城市还是充满热爱的，他高度评价了大城市充满活力的一面，认为能够而且必须在新社会中对此加以保存，这样才能使城市与乡村的优点结合起来。可见，霍华德只是将逆中心化作为反对当时城市财富与权力高度集中的一种行动方式，而非真的反城市。

(2) Buckingham的几何形空间布局

田园城市的同心圆空间布局方案，与19世纪早期乌托邦社会主义者所提出的几何城市模式非常相似，特别是Buckingham在《National Evils and Practical Remedies, with the Plan of a Model Town》(1849)一书所提出的维多利亚铸铁(Cast-iron Victoria)方案。

这主要是因为霍华德继承了乌托邦社会主义的一个思想传统，即运转良好的社会看上去与设计精良的机器一样，可以通过适当的调整来改进。因此，对霍华德来说，形式上严格的对称性，仅仅是"机械性"的体现而已，重要的是其所承载的合作理想。

霍华德相信这种完美的圆形规划方案以及规划中的建筑，都能最好地满足市民需要。而这种"设计与目标的统一"在旧城市中是不可能的，因为其是通过"无数微小、狭隘、自私的决策形成的"。只有在田园城市里，随着自私的消除，公共利益占据主导地位，统一综合的规划方案才有可能，才能产生最有效、最美的几何形式城市，而此时城市形式的对称性将成为合作、和谐的象征与结果。

(3) Richardson的公共健康思想

英国生理学家在其《Hygeia, A City of Health》[12](1876)一书中，描绘了一个人口密度为25人/英亩、拥有一系列宽阔林荫大道、住宅处于绿树掩映中的城市，并以此揭示社会健康问题与政治及道德合理之间极强的关联性，阐述公共卫生设施的原则，他认为如果城市能够按照这些原则来设计，那么其对于其居民来说是最健康的。

霍华德对此非常欣赏，认为与自己的观点非常一致，因而在田园城市理论中也纳入了低人口密度、宽阔林荫道、重视绿化环境等原则，这一点从他将方案命名为Garden City即可看出。

四、结语

从理论思想史研究的角度来看，要准确理解理论的真正内涵，除了要对理论创造者所提出的各种概念、推理、结论本身进行分析外，还应当深入到理论创造者所处时代，分析外部宏观层面的社会历史背景、内部微观层面的个人经历与心理性格，以及外部微观层面的直接思想源泉、社会地位、社会关系。因此，本文所做的只是其中之一，仍有大量工作需要进行。

参考文献

[1] Frederic J. Osborn. Sir Ebenezer Howard: The evolution of his ideas. Town Planning Review, 1950

[2] Stanley Buder. Visionaries and Planners: The Garden City Movement and the Modern Community. New York: Oxford University Press, 1990

[3] Richard T. LeGates, Frederic Stout, Ed.. The City Reader. London: Routledge, 1996

[4] Robert Fishman. Urban Utopias in the Twentieth Century: Ebenezer Howard, Frank Lloyd Wright and Le Corbusier. Basic Books, Inc., 1977

[5] Stephen V. Ward. The Vision beyond Planning. Journal of the American Planning Association, 1998(02)

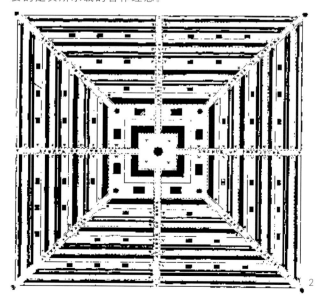

2. Buckingham的cast-iron Victoria平面方案
来源：http://www.library.cornell.edu

[6] Robert Fishman. Howard and the Garden. Journal of the American Planning Association, 1998(02)

[7] Evan D. Richert, Mark B. Lapping. Ebenezer Howard and the Garden City. Journal of the American Planning Association, 1998(02)

[8] Kermit C. Parsons. Clarence Stein's Variations on the Garden City Theme by Ebenezer Howard. Journal of the American Planning Association, 1998(02)

[9] Ebenezer Howard. To-morrow: A Peaceful Path to Real reform (Original edition with commentary by Peter Hall, Dennis Hardy and Colin Ward). New York, London: Routledge, 2003

[10] 汪惠娟译. Encyclopedia of Urban Planning. 霍华德. 国外城市规划, 1984(03)

[11] [英]埃比尼泽·霍华德著; 金经元译. 明日的田园城市. 北京: 商务印书馆, 1986

[12] 金经元. 霍华德的理论及其贡献. 国外城市规划, 1990(01)

[13] 金经元. 再谈霍华德的明日的田园城市. 国外城市规划, 1996(04)

[14] 金经元. 纪念《明日的田园城市》发表100周年. 国外城市规划, 1998(03)

[15] 宋俊岭. 读奥斯本著的"埃比尼泽·霍华德和他的思想演进过程". 国外城市规划, 1998(03)

[16] 金经元. 百年变迁话《明日》. 城市规划, 1998(05)

[17] 金经元. 《明日的田园城市》的人民性标志着城市规划的新纪元. 城市规划汇刊, 1998(06)

[18] 柴锡贤. 田园城市理论的创新. 城市规划汇刊, 1998(06)

[19] 唐子来. 田园城市理念对于西方战后城市规划的影响. 城市规划汇刊, 1998(06)

[20] 吴志强. 百年现代城市规划中不变的精神和责任——纪念霍华德提出"田园城市"概念100周年. 城市规划, 1999(01)

[21] 马万利, 梅雪芹. 有价值的乌托邦——对霍华德田园城市理论的一种认识. 史学月刊, 2003(05)

注释

1. 参见: Scott Campbell与Susan S. Fainstein合编的《Readings in Planning Theory》(2002, 第二版), 第33页, 见参考文献[6]。

2. 爱德华·韦克菲尔德(Edward Gibbon Wakefield, 1796～1862), 开拓南澳大利亚和新西兰的英国殖民者, 主要著作有《一封来自悉尼的信 (A Letter from Sydney)》(1829)、《殖民的艺术(Art of Colonization)》(1849)等。

3. 阿尔弗雷德·马歇尔(Alfred Marshall, 1842～1924), 英国著名新古典主义经济学家, 代表作有《经济学原理(Principles of Economics)》(1890)等。

4. 托马斯·斯宾塞(Thomas Spence, 1750～1814), 英国土地社会主义者, 单一税、土地国有化激进思想的先驱之一, 主要著作为《全盛时期的自由(The Meridian Sun of Liberty)》(1793), 后被重新出版, 更名为《土地的国有化(The Nationalization of the Land)》(1795, 1882)。

5. 赫伯特·斯宾塞(Herbert Spencer, 1820～1903), 英国实证主义哲学家、社会学家, 受达尔文的影响开创了进化论社会学(Evolutionist Sociology)。

6. 詹姆斯·希尔克·白金汉(James Silk Buckingham, 1786～1855), 英国作家、旅行家, 积极倡导社会改革。

7. 爱德华·贝拉米(Edward Bellamy, 1850～1898), 美国作家和空想社会主义者。该书的大致情节是: 一位富有的波士顿人, 于1887年意外陷入沉睡, 直到2000年醒来, 发现世界已经发生了巨大的变化。

8. 彼得·克鲁泡特金(Peter Kropotkin, 1842～1921), 俄国地理学家、无政府主义者, 认为改善人类现状的方法是合作而非竞争。

9. 亨利·乔治(Henry George, 1839～1897), 美国土地经济学家、土地改革家, 代表作为《进步与贫穷(Progress and Poverty)》(1879), 主张单一税(Single Tax)。

10. 本杰明·沃德·理查森爵士(Sir Benjamin Ward Richardson, 1828～1896), 英国生理学家, 公共健康运动的代表, 认为社会健康问题与政治及道德合理有着极强的关联性。

11. 严格来说, 这也不是霍华德最先发明的, 英国社会改革家们曾经使用固定股息公司(Fixed-Dividend Corporation)方式来筹集资金、建立合作商店或工厂。

12. 海洁雅(Hygeia), 古希腊神话中的健康女神。

作者单位: 张 勇, 大连市城市规划设计研究院
史 舸, 同济大学建筑与城市规划学院

住宅设计：在理念与愿望之间
Housing Design: Between Concepts and Wishes

武 昕 Wu Xin

[编者按] 本文所介绍的一项研究，尝试探讨住宅设计中建筑师的设计理念与居住者居住愿望之间的关系。原文较长，经作者修改，分三部分连续刊出。本期刊出第一部分，介绍研究的背景并提出研究问题；第二部分介绍研究的概况，第三部分为数据分析，将在《住区》进行后续刊登，敬请留意。

[摘要] 在住宅的形态和格局成型之前，住户有的只是居住愿望，而最终让这形态和格局成型的，是住宅设计者的设计理念，其基础是建筑师对于该住宅未来使用者居住愿望的预测。这两者之间差别的大小，恐怕可以作为对设计质量的一个评价标准。在设计实践上，尽管建筑师一方面努力增加设计产品灵活性和普适性，另一方面也努力让建筑的最终用户参与建筑设计的决策，但是这两种方式都并非尽善尽美。设计之初要确知用户需求虽关乎设计成败，却并非易事。此外，不同用户之间的需求差异，往往使这一问题更加错综复杂。

本研究选取中国传统的多代同堂的居住形态，以不同世代划分用户群体，来探讨住宅的开发和设计者对于不同用户需求的预估与实际情形之间的差距。作为此项研究的一个部分，本文截取了一项通过问卷调查（样本总数292人）得到的相关数据，对建筑师和住宅用户对不同建筑要素的重要性评价进行了比较分析。结果表明，不同家庭角色的三代人对于以33项设计要素所代表的5方面需求不尽相同。而建筑师对于特别是长者和青少年的私密和领地要求与实际情形差别显著。

了解到认识上的不足或许可以成为迈向更加有效的交流的一步。

[关键词] 住宅设计、用户需求、设计理念

Abstract: *The difference between how building professionals and laypersons perceive architecture has been well documented. In housing design, in order to make the dwellings better fit their users, architects try both increasing the flexibility of the design products and encouraging more users to participate the design process. However, flexibility brings uncertainty and ambiguity and user participation seems to be too time consuming for commercial real estate development. A better approach seems to be that design professionals find out what the users need in the first place. However, it is a demanding and difficult task for design professionals, especially when working with various users with different needs.*

Aiming to enhance the communication between architects and dwellers with various profiles, this study focuses on the needs of households with three

1. Philippe Boudon 1967年看到的Les Quartiers modernes Fruges与1926年刚建成时的情况进行对照(Boudon, 1972)

or more generations in Shenzhen areas. Through semi-structured interviews and questionnaire interviews (N=292), 73 architects are asked to predict different generations' environmental needs. 33 building elements are chosen to represent 5 aspects of needs: safety, utility, privacy, territory and socialisation. Compared with the answers given by 192 residents who play different roles in their families, the architects' predictions are relatively inaccurate. In particular, the predicted needs that deviate the most prominently from the users are needs of senior and adolescent residents.

Keywords: dwelling design; users' needs; designers' conception

"You Know, it is always life that is right and the architect who is wrong…" ——Le Corbusier

要知道事情往往是：对的是生活；错的是建筑师

——勒·柯布西耶

这段话是柯布西耶提到他建在Pessac的"Les Quartiers modernes Fruges"而讲的。在建成40多年后，Philippe Boudon重访了这个住宅区，发现居民们根据自身需要，对建筑内外进行了改造（图1）。

这样的对比，揭示出一个很有意思的现象，即不少建筑的使用者对于建筑的看法与为他们做设计的建筑师不尽相同。Henri Lefebvre认为空间对于建筑专业人士来说是抽象的、意向性的，而对于使用者来说空间是具体的、实在的，生活在其中(Lefebvre, 1991)。

认识差异

针对建筑师与普通人(lay persons)对建筑的不同认识的研究自Hershberger起以逾30载(Hershberger 1969)。目前已进行的研究已有很多，但这些研究多侧重于两者在建筑审美上的差异，比如(Gifford et al 2002, Groat 1982, Hubbard 1996, 1997, Nasar 1989)。这些研究发现普通人与执业建筑师评价建筑时，不论在建筑的整体美学质量(global aesthetic quality)上，还是认知特性(cognitive properties)上，看法皆存在显著差异。比如建筑师倾向于以立面表达清晰(clarity/coherence)为美，而公众则大体以繁复(complexity)为美(Gifford et al.2002)。以风格样式来论，现代建筑和后现代建筑对建筑师来说泾渭分明，对公众来说却并无差别(Groat 1982)。这样的差别通常被认为是专业教育和训练的结果(Hubbard 1997, Wilson 1996)。建筑专业的训练也许在一定程度上改变了人解决问题的思路和方式，使建筑师变得比其他专业人士更倾向于"处方式"(prescriptive)

2a、2b、2c、2d. Edwards（1974）对建筑师和用户家居布置情况的比较

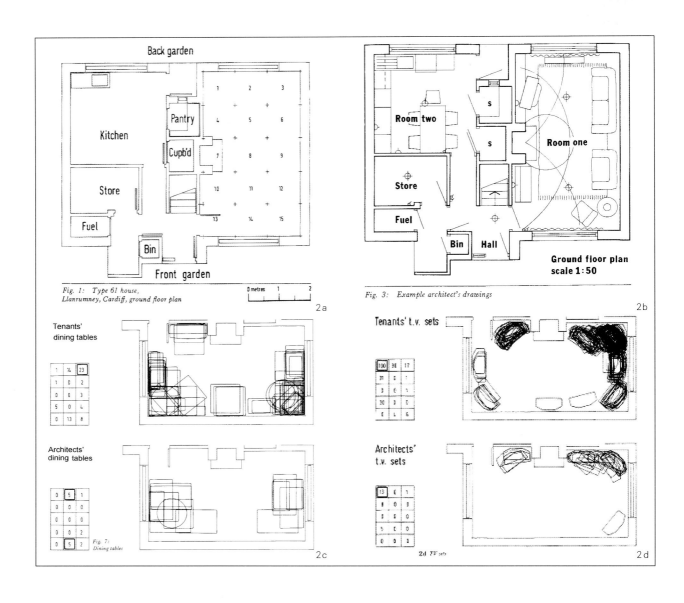

思维模式，遇到问题先从寻求答案而不是探讨问题入手（Lawson 1997）。Margaret Wilson 对不同院校建筑系的比较研究则更进一步证明，审美趣味的形成与建筑教育环境关系很密切（Wilson 1996）。

然而，这样的差异并非只停留在审美的层面上。关于建成后的建筑如何使用，建筑师的预想往往也与实际情况大相径庭。Edwards（1974）调查了相同平面的（图2a）232户公屋居民的起居室布置，并与28位富有公屋设计经验的皇家注册建筑师（RIBA）的平面布置图（图2b）进行比较。发现建筑师布置的家具中，只有沙发和电视（图2d）的位置比较接近实际的情形，其他诸如餐桌（图2c）、扶手椅（arm chair）、橱柜（glass cabinets）等家具的位置，都与实际情况有很大不同。

更为严重的是，建筑师对建筑使用中潜在的危险往往也估计不足。建于伦敦海德公园内的戴安娜王妃纪念喷泉在揭幕不足两周就因为发生安全事故而不得不关闭（Kite, 2004）。令人遗憾的是这并非偶然现象。Wells&Evans（1996）调查了美国两大安全事故数据库"顾客产品安全委员会"（CPSC）和"全国电器伤害监控系统"（NEISS），确认了18项最易造成家庭安全事故的建筑要素，并与建筑师和室内设计的预测进行比较。结果表明建筑师的预测准确性很低。比如，这十八项建筑要素中，地面材料因与每年三

成65岁老人住宅受伤事故相关而高居榜首，在建筑师的预估中仅占到第四位。建筑师认为居于事故诱因前二位的浴缸/淋浴和垫脚凳（footstools）在实际情形中只分别占第4和9位。

如此认识上对建筑的差别在很大程度上阻碍了建筑专业人士与公众之间的沟通和交流，更为他们间的相互理解造成困难。双方的隔膜在公共建筑中屡见不鲜，但对于集合住宅建筑而言，情况似乎更加严重。因为在这些项目中，建筑师不仅难以对居民建筑风格的偏好进行准确估计（Gifford et al.2002），更对他们的生活以及建筑使用方式缺乏了解。通过走访伦敦6项公屋项目的住户和建筑师，Jane Darke发现这些建筑师对住户的情况了解空泛甚至充满成见。例如，他们以为公屋住户以年轻的核心家庭和老年人为主，家庭内部及邻里关系和睦。因而，设计以鼓励邻里交往为出发点，而对于住户的个性表达及私密性要求则很少提到（Darke 1984）。

目前已有的建筑师于用户的观念差别研究中，针对用户需求的研究讨论不多，且对有关居住建筑的定量的数据多来自诸如宿舍、医院、敬老院等专业机构。而家庭住宅范畴的数据，多偏重于通过访问方式获得，因而最终的分析多限于质的论述，缺乏进一步的深入讨论。

值得一提的是，具体在实践中，针对建筑与用户观念差异的问题，建筑师们并非束手无策。大体上的解决办法通常有两种：一种是增加建筑产品布置上的灵活性（flexibility）；另一种是在设计过程中引入公众参与（user participation）。

灵活性

灵活性一方面兼容多种可能性，另一方面也多少有些悬而未决、未完成的意味，留待用户分解[1]。建筑的灵活设计的手法被Forty（2000）概括为三种：一是空间冗余（redundancy），例如在Rem Koolhaas《S, M, L, XL》中提到的Koepel监狱（Koolhaas & Mau, 1995）（图3a），中央空间大而无当。二是技术手段，比如Rietveld于1924年设计的Schroder House二层几乎所有的隔墙皆可滑动收放（图3b）。三是政治手段，比如Lefebvre（Lefebvre, 1991）提出的以灵活兼容来对抗权威和专制。

在此基础上，Jonathan Hill提出第四种实现灵活布置的手段：开放平面（Hill 2001）。开放平面在一定程度上是空间冗余与技术措施两者的结合，但此时的空间并无可费，而技术手段则主要体现在结构体系的模式化上，而不是内部隔墙的变化上。在此方面曾有较深入探索的建筑师诸如（Habraken 1972）。

灵活性设计的最大问题恐怕正如不少建筑师所批评的那样：灵活意味着不确定，亦甲亦乙同时也意味着非甲非乙（Hertzberger 1991, van Eyck 1961）。

公众参与设计

公众参与，指的是公众参与设计决策。与灵活设计不同，建筑用户并非只在栖居（inhabitation）过程中对建筑进行改造，更在建筑的成型过程中注入自己的理想和愿望。公众参与所面临的最大困境恐怕是表达问题。一方面建筑师需要找到适合的表现手法，让公众了解自己的设计意图；另一方面公众首先要明确自身的实际需求，并且要有效表达这些需求，并在对拟建空间缺乏体验的情形下对设计做出判断。

建筑的表现手法素有两维、三维之分。两维的平面图由于缺乏竖向信息，对于未经专业训练的人士来说，解读会有一定困难。大量的试验证明，通过增加维度信息的手法，无论轴测图、表现图（照片）、比例模型和足尺模型（mock up）、动画（电影），或者几种手段结合，都可以取得令人满意的效果（Kaplan, 1993）。但是太过具体的图像往往会给用户造成先入为主的印象，形成以建筑师主导并引导用户的局面，并不利于他们对自身实际需求的表达。因此效果较好的，是将了解需求停留在对行为和活动的探讨上。相对而言，在规模较大、时间和预算相对宽松的公共建筑的设计实践中（Sanoff, 2004）相对较易实现，而在工期和预算均有限的商业住宅项目中实现艰难。

建筑师掌握用户需求

比较理想的情形是建筑师在设计之前已经对用户的需求了然于心，设计时可谓成竹在胸。如密斯所言："不必与客户谈建筑。有能力的建筑师应该能够知道客户想要什么，很多情况下他们并不知道自己想要什么"（Neumeyer, 1991）。的确，在克服表达困难之前，首要面临的一大障碍恐怕是使公众明确自身的实际需求。此虽至关重要但绝非易事。普遍存在两种情况：一种情况是用户在找寻，却并不知道要找的是什么。需求的明确需要靠设计来激发。一评论赞扬Sony walkman的设计，说其成功之处在于：在见到那产品之前，我并不知道自己也需要一个。另一种情形与之相反，用户以为建设是解决之道，实则不然。

曾有客户委托Lawson（1997:55）为自家加建一件卧

3. 通过冗余或者技术手段达到灵活性设计的实例（Forty 2000: 145）
a. Korprl 监狱 b. Schroder House（Rietveld于1924年设计）

 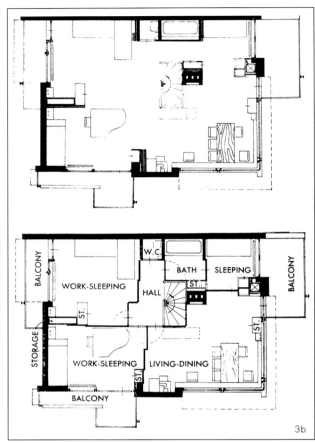

室或者书房。实地去看的结果是房子已大而有余，基地却狭小无隙，而且任何在老屋上直接的接建都难与原本相当完整的屋顶配合。直到坐下细谈，实质问题才渐渐浮出水面：谈话声不断被孩子卧室传出的强节奏音乐遮没。在加装隔声措施不可行的情况下，最后的解决方法不是盖房，而是给孩子们一人买个耳机。

张永和(2002)则记述过这样一个设计案例："一个农民请波莱斯(Cedric Price)为他设计一幢房子。农民在离他家160km的地方购置了一个农场，他想在农场上建一幢房子供他在每周五天使用，周末则回到家里去。波莱斯接受了这个问题，经过仔细研究，然后给业主提出了最佳的解：不用盖房子，买一辆快车。这样农民可以每天回家去与家人团聚，买车还比盖房子经济得多。"

这两个例子都在一个侧面说明尽管建筑设计的一个重要目的是解决问题，但是建造本身并不总是能提供最佳答案[2]。因此，弄清用户实际需求至关重要。

由此可见，在住宅设计者的设计理念与实际居住者的居住愿望之间可能存在差异。关于此一差别的理论研究，前人已有过一些探索。在设计实践上，尽管建筑师一方面努力增加设计产品灵活性和普适性，另一方面也努力让建筑的最终用户参与建筑设计的决策，但是这两种方式都并非尽善尽美。设计之初要确知用户需求虽关乎设计成败，却并非易事。在后面的段落中，我们尝试着通过一次较为系统的调查研究，对此问题本身及研究方法都进行一些实际的 (empirical)探索。

参考文献
[1] 张永和."策划家居". 非常建筑. 哈尔滨：黑龙江科学技术出版社，2002
[2] 李论."中等尺码的脚(闲话建筑之四)." 建筑业导报. 总第331期102-103页，2005

[3] Boudon, P. (1972). Lived-in Architecture: Le Corbusier's Pessac Revisited (G. Onn, Trans. English ed.). Cambridge, Massachusetts: MIT Press.

[4] Darke, J. (1984). Architects and user requirements in public-sector housing: architects' assumptions about the users. Environment and Planning B: Planning and Design, 11, 389-404.

[5] Edwards, M. (1974). Comparison of some expectations of train architects who appreciate and design different a sample of housing architects with known data. In D. Canter & T. Lee (Eds.), Psychology and the Built Environment. London: Architectural Press.

[6] Forty, A. (2000). Words and Buildings: A Vocabulary of Modern Architecture. London: Thames & Hudson.

[7] Gifford, R., Hine, D. W., Muller-Clemm, W., & Shaw, K. T. (2002). Why architects and laypersons judge buildings differently: cognitive properties and physical bases. Journal of Architectural and Planning Research, 19(2), 131-148.

[8] Groat, L. (1982). Meaning in post-modern architecture: an examination using ht multiple sorting task. Journal of Environmental Psychology, 2: 3-22.

[9] Habraken, N. J. (1972). Supports: an alternative to mass housing (B. Balkenburg, Trans.). London: The Architectural Press.

[10] Hershberger, R. G. (1969). A study of meaning and architecture. Paper presented at the EDRA 1, Radleigh.

[11] Hertzberger, H. (1991). Lessons for Students in Architecture. Rotterdam: 010 Publishers.

[12] Hill, J. (2001). The use of architects. Urban studies, 38 (2): 351-365.

[13] Hubbard, P. (1996). Conflicting interpretations of architecture: an empirical investigation. Journal of Environmental Psychology, 16: 72-92.

[14] Hubbard, P. (1997). Diverging attitudes of planners and the public: an examination of architectural interpretation. Journal of Architectural and Planning Research, 14(4): 317-342.

[15] Kaplan, R. (1993). Physical models in decision making for design: theoretical and methodological issues. In R. W. Marans & D. Stokols (Eds.), Environmental Simulation: research and policy. New York: Plenum Press.

[16] Kite, M. (2004, 01Aug). Public have fouled Diana memorial fountain, says minister. Telegraph.

[17] Koolhaas, R., & Mau, B. (1995). S, M, L, XL. Rotterdam: 010 Publishers.

[18] Lawson, B. R (1997). How Designers Think, 3rd Ed., Oxford: Architectural Press.

[19] Lefebvre, H. (1991). The production of space (D. Nicholson-Smith, Trans. English ed.). Oxford: Blackwell Publishing.

[20] Nasar, J. L. (1989). Symbolic meanings of house styles. Environment and Behavior, 21(3): 235-257.

[21] Neumeyer, F. (1991). The Artless word. Cambridge, Ma: MIT Press.

[22] Sanoff, H. (2004). Cross-cultural methods of community participation. Paper presented at the EDRA 2004, Tianjin. 22-25 Oct

[23] van Eyck, A. (1961). The Medicine of reciprocity tentatively illustrated. Forum, 15:237-238.

[24] Wells, N. M. and G. W. Evans (1996). "Home injuries of people over age 65: risk perceptions of the elderly and of those who design for them." Journal of Environmental Psychology 16: 247-257.

[25] Wilson, M. A. (1996). The socialization of architectural preference. Journal of Environmental Psychology, 16: 33-44.

注释
1.严格说灵活性flexibility 并不同于可变性adaptability。建筑师们相对比较关心前者，用户们比较关心后者。对于这个问题的一些讨论，可参见李论的《中等尺码的脚》。

2.这两个例子同时也在一个侧面说明，设计问题具有与生俱来的含糊性，问题本身很大程度上需要在设计过程中不断被定义。对此较详的论述，请参见Lawson（1997）。

作者单位：英国谢菲尔德大学建筑学院建筑系

美英混合居住模式的实践与经验
The Practice and Experience of Housing Heterogeneity in the US and the UK

田 野　张 磊　鲍培培　Tian Ye, Zhang Lei and Bao Peipei

[摘要]　本文首先解释不同阶层混合居住的概念和社会价值，进而通过美国和英国不同阶层混合居住实践的介绍，说明不同阶层混合居住是作为一种住宅发展策略，对城市居民安居乐业和社会和谐发展有着重要的价值意义。

[关键词]　不同阶层混合居住、社会价值、英国、美国

Abstract: Beginning from the introduction of mix-incoming concept, the paper introduces the practice of the mix-incoming housing in USA and England. The article believes that the mix-incoming housing is a good policy for people living better and society developing harmoniously.

Keyword: Mix-incoming housing; Social value; USA; England

一、不同阶层混合居住模式的概念

不同阶层混合居住是指将不同收入阶层的居民在住区空间中结合起来，形成相互之间利益互补的社区发展模式（混合居住可以包括功能上的混合和居民阶层上的混合，功能混合是指居住与商业、工业等城市功能的混合布局，而本文研究的是居民阶层上的混合。为了表述方便，本文以下采用混合居住来代指不同阶层混合居住）。

混合居住作为一个系统的住宅政策，主要由英美两国提出。英国把混合住区定义为包含不同收入阶层的居住区 (places that contain some range of households by income)。根据这种分类方式和我国的实际情况，我国的混合居住是五种社会阶层居民分布较为平均的居住模式[1]。

同时，混合居住主要解决的是住区下层贫困居民集聚的问题，为此本文认为混合居住应侧重于住区内低收入阶层的存在，是指低收入阶层和其他阶层混合共处的居住模式。根据郑杭生教授的《中国社会研究报告2002》，包括城乡贫困人口、经济结构调整进程中出现的失业和下岗职工、农民工等弱势群体加总再扣除重叠部分（如贫困人口中有失业、下岗职工、农民工等）和非弱势人口（如下岗职工、农民工中自强自立者），可以大致计算出目前中国弱势群体规模在1.4亿至1.8亿左右，约占全国总人口的11%～14%[2]。因此，本文认为在我国，混合模式住区主要是指低收入阶层人口占总人口的10%～20%之间，同时其他四个阶层分布较为均匀的居住区。

二、混合居住的价值

与居住空间分化与隔离的发展模式相对，混合居住模式的优点在于：

1.混合模式是基于社会和谐的理想，解决不同社会阶层隔离问题、促进不同阶层居民交往的有效方法。基于社会公平的价值观，低收入者应该与高收入者享有同等的生存与发展条件。混合居住模式，至少为低收入居民提供了

较为平等的外部空间环境，如必要的就业机会以及商业、医疗、教育等社区服务设施，从而为其自身社会经济能力的提升提供了更多的外部条件。

2. 根据社会资本理论，社会资本可以为居民提供更好的生活、工作机会。通过混合居住模式，有助于低收入阶层居民获得更多的社会资本，从而帮助他们逐步提高自身社会经济地位，改善居住生活质量。

3. 通过混合居住模式，从社会网络理论的角度看，高收入者的信息网络、社会观念使低收入者更容易获得就业机会。

4. 从行为理论来说，混合居住模式可以在一定程度上规范社区行为，建立良好的社会准则，提高社区的安全感。

诚然，对于混合居住，仍然在操作程序和社会效果上存在质疑。也就是说，不同阶层居民能否共处在一个住区？同时，在市场经济条件下，具有公共住房性质的混合住区如何开发？针对上述问题，笔者分别介绍美英两国混合居住的发展实践，希望对转型期我国的混合住区规划有一些助益。

三、美国的混合居住发展

1. 美国混合居住政策的背景和内容

当今美国，传统社区正在被分割成两种类型：郊外的住区和城市内部的住区。中产阶层逐渐从城市的中心搬出，低收入阶层居民则开始占据城市中心。同时，随着郊区的发展，不同收入阶层的隔离也日益严重。在城市中心以外，低收入者越来越难以找到负担得起的住房。2000年6月，全美约有14 000 000人有迫切的住房需求。1/7的美国家庭将收入的一半用于缴纳房租。其中，这些家庭的主要构成是：27%的家庭是老年人，30%是靠公共福利，21%从事边缘工作，22%是处于最低工资标准线以下的工人家庭。

1990年代之前，美国政府主要是通过公共房屋和政府津贴帮助低收入阶层居民。但是，在实践过程中政府逐渐意识到上述政策的弊端：住区的隔离分化促使低收入阶层居民不断聚集，并形成了自我贫困的循环，当住区中充斥着毒品、犯罪、单亲母亲时，毫无疑问住区的下一代也将沿着相同的途径走向贫困。同时，为大量贫困者提供福利房屋给国家经济也带来了沉重的负担。为此，政府调整了住房政策，准备从两个方面解决上述问题，尤其是贫困住区聚集问题。政府首先为低收入阶层居民提供私有房屋的租金担保，帮助他们从大都市里面迁移出去，并获得基本的居住条件；其次，在规划中把低收入者和高收入者置于同一住区，发展混合居住模式。

虽然上述两种方法的目的都是为了解决贫困聚集问题，但是在操作层面上却是完全不同的。分散模式试图将贫困者引入到一个较为富裕的地区，而混合模式则试图将富人引入低收入阶层占主导地位的住区。

具体而言，分散模式是建立在Section 8 Existing Housing program[3]基础上的，Section 8 Existing Housing program规定可以在私人市场使用可供携带的租金券。到20世纪80年代末期，租房补贴已经成为联邦政府房屋资助的主要形式（分散模式的资助方也可能是民间组织）。由于这种住房补贴是与家庭联系而不是与建筑物联系，因而只要房东接受并且租金合理，人们就可以用租金券到任何一个住区寻找房屋。

为了推动混合居住在美国的发展，美国住房与城市发展部（HUD）改变了以往集中建设公共住房的传统做法，转而以不同收入阶层混合居住作为发展的策略。HUD在推动公共住宅项目中，主要采用两种方法。一种是把将要开发的公共住宅单元分散到现有的中高阶层邻里中；另一种办法是将公共住房和商品化住房结合开发。按照市场情况决定公共住房和商品化住房的比例。一般而言HUD控制公共住房的比例在20%～60%之间。混合居住家庭的收入水平在平均水平的50%～200%之间。

HUD还提出HOPE VI Program来资助混合住区的发展。HOPE VI Program的目的是：改变现有公共住房提供方式；建立激励机制鼓励居民采取自助方式改善居住条件；减轻居住贫困聚集问题；提倡混合居住；结合政府、非盈利机构、商业机构等多方面的力量推动住区发展[4]。

在美国，根据不同收入群体的数量、收入差别、以及低收入者所占的比重，混合住区可以分为不同的类型。混合住区的收入跨度可以从低于该地区平均收入51%到高于该地区平均收入的200%。混合住区的空间混合方式既包括在一栋建筑之内进行阶层混合，也包括在区域内不同建筑中进行阶层混合居住。

从混合居住推动的主体来看，大部分混合居住房屋可以分为四种类型：

(1) 国家和地方政府依靠高奖金、强制性分区法令、以及土地使用限制等，鼓励开发商在新开发项目中为低收入阶层居民保留一定数量的房屋（通常是20%）。

(2) 由公共房屋权力机构推行混合居住模式，即将原有的公共房屋计划改为推行混合居住模式。如联邦政府的

HOPE VI Program,该公共房屋计划的一半,约一亿美元被用于推行混合居住模式。

(3)一些地方金融机构利用发行长期债券的方式来推行混合居住模式。

(4)最后,并非所有的混合居住模式都是由政府推动的,有一些是通过个人和机构的努力。例如,一些私人开发商致力于提高低收入阶层居民的房屋补贴来推行混合居住模式。

2. 美国混合居住实践

(1)大溪城(Grand Rapids)的混合住区实践

大溪城位于密歇根州西部,从人口情况来看,2000年大溪城中,白人占62.46%,黑人占19.92%,亚裔人口占1.59%,其他占2.98%。从收入来看,2000年大溪城的年平均收入是44224美元,大溪城都市区的年平均收入是54118美元(密歇根的年平均收入是44667美元)。在大溪城,贫困线以下的家庭占11.9%,而在都市区,贫困线以下的家庭占5.9%,在密歇根,贫困线以下的家庭占7.4%(图1)。

托马斯博士、斯维茨博士(June Thomas and John Schweitzer)等人对大溪城混合住区进行了研究。他们把具有混合收入或者包含1/5低收入人口的住区定义为混合住区。研究选择了四个混合住区作为样本进行分析。研究发现,混合住区与城市其他住区相比,在2000年,有较少的低于贫困线家庭和较低的住房空置率。

通过调研,研究总结了大溪城混合居住的经验总结有以下几点经验:

①宗教团体对于社区稳定有显著作用。

②人们提到的社区稳定因素可能是社会网络以及与邻居的交流,同时社区内的情感性交流也很重要。

③多代混居(multi-generational housing)的房屋,也是保证社区稳定的重要因素。

④要保证学校的教育质量。如果学校的教育质量下滑,住区内中产阶层居民多会迁出住区。

⑤当邻居的种族发生变化时,有些居民仍然会对新的其他种族邻居产生反感,这就要求一些社会团体的介入。

⑥政府在整个过程中都应承担相应的义务和责任。除了帮助贫困者提高生活品质以外,也要帮助贫困者提高自身的生活和工作的能力。

(2)港点(Harbor Point)混合住区实践

伊利诺伊大学的司库伯特和塞瑟(Michael F. Schubert and Alison Thesher)对波士顿的港点住区进行了混合住区的研究,获得了一定的经验。

港点住区向混合住区的转变是由当地住户和住宅开发公司共同推动的。港点住宅开发公司(The Harbor Point Apartment Company)是一个连接居民和开发商的企业,它致力于推动混合住区,希望将住区发展成70%按市场价格租售和30%靠政府津贴的混合住区。同时,每栋房屋的低收入住户不能超过一半。根据规划,原有的一些贫困住区被清除,用于建造高档的联排住宅(Townhouse),以吸引高收入阶层居民入住。

港点住区由于紧邻波士顿的商业中心,这为开发商提供了一个建造混合住区的契机。建造的重点在于把该社区建成一个更有吸引力、更安全、配套化更齐全的住区。港点住区提供了在同等租金条件下,其他住区所不能提供的完善的配套服务(拥有游泳池、网球场、健身中心、公园等公共设施)。

对于该住区的883个商品住房单元来说,租金比波士顿其他地区要低得多。而对于400个受政府补贴的公共住房单元来说,由于受到美国住房与城市发展部(HUD)HOPE VI Program项目的支助,居民们只需支付他们收入的35%即可。商品住房单元被来自各个阶层的人购买——从学生到富商——甚至还有些是短期到波士顿来的外国人。商品住房单元的住户在种族上也是不同的,仅有43%是白人。这些家庭很少有孩子,仅有6%的家庭有孩子,即使有也是婴儿或是学龄前儿童。商品住房单元的家庭年平均收入是41 000美元。

大部分政府资助单元被有孩子的少数族裔家庭购买。在每个政府资助的单元里,平均有2.3个小孩。政府资助单

1. 密歇根州大溪城鸟瞰(图片来源:http://www.photography-plus.com/image_pages/GrandRapids.htm)
2. 3. 港点混合住区组团与鸟瞰(图片来源:http://www.gcassoc.com/html/market_specialty.asp?pageid=1041)

元家庭的年平均收入是10 000美元。社区内的配套设施对这些政府资助单元的居民也是开放的。此外，一个外来的企业提供社区的社会服务，包括社区医疗、社区看护和幼儿教育。

港点住区的高层楼房旁边，散落着高档的别墅。高层里住着低收入人群，而别墅里住着收入较高的人群（图2～3）。最近又出现了一种新趋势。别墅中的租住户开始倾向于搬进多层或高层楼房中居住，这说明阶层间的距离在减少。

作为一个混合住区，港点住区是一个成功的案例。这个案例提高了低收入阶层居民的居住质量。港点住区逐渐成为了一个经济上可行、具有吸引力的理想住区。以前的公共房屋居住者为他们现有的住房条件而感到骄傲。政府资助单元的居民和商品住房单元的居民"相互依存"。

此外，研究发现，对于商品住房单元的居民来说，港点住区的吸引力在于其地理位置、设计质量和价格。对于以前的公共房屋租住者和政府资助单元的居民来说港点住区的吸引力在于它能够提供较好的居住环境和邻里关系。

四、英国的混合居住发展

1．英国混合居住政策的发展背景

近年来，英国城市也出现了和美国相似的居住问题——经济隔离和贫困聚集。其中经济隔离体现在以下几个方面：

在地域的层次，英格兰的南方和北方已经呈现出明显的经济差异。伦敦居民的收入比英格兰东北的居民高70%；经济差异还体现在地区方面。一份最近的研究报告表明，英国居民在年龄、种族、财富和雇佣水平上的差异更多的体现在地区水平上（Dorling and Rees，2003）；此外，住区之间的经济差异也日益明显。伯瑟德（Berthoud，2001）认为，家庭与家庭之间的经济差异，有9.8%可以由居住社区的不同来解释。

经济的隔离带来了贫困的聚集。图斯多和鲁普顿（Tunstall and Lupton，2003）的研究表明，将低收入阶层隔离在较差的住区将会造成贫困循环，这日益引起了研究者和政策制定者的关注。当然贫困聚集已经不是一个新的现象。

具体而言，造成当今经济隔离的驱动力有以下四个因素：

(1) 收入不平等

收入的两极化发展使得贫穷的人日益贫穷，同时富有的人日益富有。在过去近10年中，英国的经济呈现出了强劲的增长势头，然而，在整体繁荣中，收入不平等的增加是显而易见的。从1979年到1995年，按照收入划分，拥有前10%收入的人扩大了60%～68%，而拥有后10%收入的

4．优良的交通与居住环境是格林威治千年村混合居住成功的关键
摄于2003年
5．恩德法姆镇改造之后居住质量大为提高
摄于2003年

人仅降低了8%（Hills，2004a）。虽然近两年贫富差距的扩大速度有所减慢，但在2002～2003年收入不平等仍然达到了近40年的最高点。

(2) 住房选择

收入不平等和社会流动可以被看成是造成经济隔离和贫困聚集的宏观条件，而家庭的住房选择可以被看成是造成这种现象的微观原因。低收入者，作为理性消费者倾向去寻找那些社区交往多而租金低廉的社区（Glaeser et al.，2000），而与此相对，高收入群体倾向于寻找那些社区交往少而租金高昂的社区（Glomm and Lagunoff，1998）。另外，家庭在选择住区时，希望保持原有的社会联系也会增加经济隔离——这是因为这种社会联系往往是在同一收入群体内部而不是跨越收入群体的（Gordon and Monastiriotis，2003）。

(3) 住房政策

很多国家的住房制度都是以市场为导向的。市场在形成经济隔离的过程中起到了主导的作用。然而，贫困聚集并不仅仅是消费者选择的结果。一些住房政策推动了这一过程。有些政策在制定过程中可能并不是有意识地要让贫困者居住在同一住区，但实际的效果却是推动了贫困聚集。政府为了满足低收入者而建立的社区也有可能造成贫困聚集。

贫困聚集增加了贫困者生存的社会成本；促使失业率

增加；造成了低收入者聚居区在教育质量、安全、居民健康状况等方面的恶化。

为了解决上述问题，英国政府出台了诸多政策。包括2000年住房政策绿皮书（Housing Green Paper）规定，要促进可支付住房的建设（affordable homeownership）。2003年，可持续社区规划（Sustainable Communities Plan）规定，要平衡英格兰南方和北方的住房供给和需求，使整个国家的住房状况得以平衡。2005年所作的五年规划（Five-year Plan）规定，在增加住房私有产权的同时，要使低收入者有更多的住房选择。

除了上述政策，目前英国政府推行的房屋政策还有以下几个特点：

(1)保证在新建的住区内有经济适用房，防止单纯的高收入住区和低收入住区的建设。

(2)吸引各种不同收入的居民入住那些已经建成的住区尤其是那些贫困者高度聚集的住区。

(3)保证现有的混合住区不向单一收入住区方向发展。

英国政府的房屋政策的这三个趋势表明发展混合住区是当前房屋政策的重点之一。

2. 对英国混合居住政策的质疑

尽管混合住区已经成为英国房屋政策的重点之一，但是对于混合住区的质疑仍没有结束。这些质疑主要体现在以下方面：

(1)有住房选择能力的家庭会选择住进新的混合住区吗？

对于高收入阶层是否愿意入住混合住区的问题一直都有争论。一份在苏格兰的研究表明混合住区对那些原来住在里面的人比较有吸引力，而房主们倾向于住在那些他们占主导地位的社区。一份由房屋建设者联盟（House Builders' Federation）所作的调查显示，部分购房者并不喜欢住进混合住区。

这些研究反映了个体对于混合住区的看法。但是他们把市场的因素忽略掉了。最近有很多由市场推动的混合住区取得了成功。把混合住区推向市场对于发展商和购房者来说都很重要。地区政府必须要做到两方面的保证：一方面保证住区内有一定数量的经济适用房，另一方面要采取灵活的方法把混合住区推向市场。

另外，为了实现混合住区的目标，住区——尤其是在开发区的住区——应该从市场中吸取力量。偏远地区不适合建设混合住区，因为他们远离交通枢纽、工作场地和休闲娱乐场所。像格林威治千年村（Greenwich Millennium Village）的成功之处就在于它离城市的主要交通非常便利以及居住环境优美，吸引了不同阶层居民入住（Power et al., 2004）（图4）。

(2)在混合住区中，住区居民是真的"混合"起来了，还是在同一地点仍然分隔开？

英国106区（Section 106）总的说来是一个成功的混合住区。然而不同收入的群体入住后相互交往的程度却并不频繁，这是因为公共住房同商品化住房被隔离开了。克鲁克（Crook et al., 2002）指出，在一些地理位置优越的住区，地方政府不允许将公共住房同商品化住房隔离开来，以保证混合住区作用的发挥。然而，开发商却倾向于在住区中把公共住房和商品化住房分隔开来，并解释说这是因为购买者并不喜欢同公共住房购买者住得比较接近。房东们也希望将房屋单位分为不同的等级以增强管理效率。事实上，伦敦历史上以这种方式运作的混合住区效果都不是很好。所以，将多个阶层居民安排在同一个住区，但在住区内又把他们分隔开来，是不能把他们真正融合在一起的。

(3)经济混合到什么程度才能适合混合住区？

在混合住区，经济混合到什么程度才能适应社区发展是一个很重要的问题。美国的学者认为过大的收入跨度会增加社区紧张（Brophy and Smith, 1997）。此外，社区内如果有大量高收入的租住者，会抬高社区的物价，对贫困者造成生活压力。同时现在也缺乏对于混合住区不同阶层合理分布比率的研究，所以对于这一问题的回答仍需进一步的讨论。

3. 英国混合居住的实践

从古典经济学理论来看，住区内物价的下滑或者劳动力价格的下降应该吸引投资者重新入住该住区从而实现该住区经济和社会的再生。然而，在贫困者集聚地，这个价格平衡机制却没能发挥作用，高收入者并不愿意搬进这个社区，同时社区的原有居民也不想搬出（Meen, 2004a）。

这些问题要求政府采取以市场为导向的政策解决贫困住区聚集的问题。一部分资金被注入，用于针对社区短期的发展。但政府无需提供全部资金，而是运用公共的力量推动市场来实现积极的、长期的发展。

从这一点出发，英国的混合住区实践在不同地域体现了不同的特点：

(1)在相对贫困地区的混合居住实践

在相对贫困地区，阶层之间的距离较小，这里的混合住区成功的机率较大，并且可以为居民带来诸多好处。伦敦的格里特住区（Greater）的经验证明了这一点，格里特住区较小的阶层差距、良好的区位和服务设施为混合住区发展提供了很好的基础。为此一些私人资本主动投资并对原来的低收入阶层聚居区进行重建，把它们建成以市场为主导的混合住区（Prime Minister's Strategy Unit, 2004）。

(2)极度贫困地区的混合居住实践

英国的住房政策并不像美国的HOPE VI Program那样追求对住区的迅速更新。消灭贫困聚集也没有像在美国那样被明确提出。但在极度贫困地区，政府则采取积极的措施发展混合居住，降低贫困聚集的程度。如1990年对伦敦霍利（Holly）街道的更新计划，就是要把一个犯罪率极高的社区转变成一个健康的社区。这个计划拆掉了一部分原有的贫困住房，取而代之的是商品化住房。政府投入了10亿英镑用六年的时间将该地区50%的居民进行了置换，吸引中高收入阶层入住。经过改造，这一地区的转变是显著的，房屋入住率2001年比1991年提高了10%，住区人口也日趋多样化（Berube，2005）。

在桑德兰，恩德法姆镇（Sunderland, Town End Farm）地区的更新计划也是一个成功的案例。这个地区的更新计划始于1991年，原来该地区拥有高犯罪率、糟糕的社区环境和负面的社会评价。在地产政策（Estate Action Program）实施后，在2000个地方企业的推动下，该地区实行了一体的社区整合计划。社区内新增加了用于出售的商品化住房，公共房屋的比重下降了，大约有1/3的房屋用于商品化出售。这些措施使得该地区的管理、犯罪率和空房率得到了显著的改善，此外，附近地区的房屋出租率也提高了10%（Berube，2005）（图5）。

(3) 新开发地区的混合居住

英国政府规定每一个新开发地区的规划，例如梅赛德、曼彻斯特——斯坦福和伯明翰，都必须包含各种收入层次的人，并保证一定比例的混合住区建设。新开发地区没有旧有贫困住房的拆迁问题，良好的项目运作和完善的公共设施有助于混合居住的成功。

布鲁比（Alen Berube，2005）对英国的混合居住实践加以总结，得出以下经验：

(1) 混合住区需要同时发展公共住房和商品化住房，为此房屋的价格需要把这两部分居民整体考虑进去，这样的社区发展方向将不会导致单一的富人住区或穷人住区的形成。同时在社区建设上，缩短贫富之间的距离不仅需要将不同收入的人引入同一个住区，还需要增加面向居民的公共服务。只有良好的公共服务才能保证混合居住项目的成功。

(2) 因地制宜，确定混合居住发展策略

相对贫困的住区需要以地域的优势吸引更多的高收入阶层住户。对于公共房屋占主导地位的社区，需要适当降低公共住房比率并通过多样化的住房设计推动社区的混合发展。在更穷困的住区，则需要在物质上和社会上进行较大的干预，以促使这个贫困住区向混合住区发展。

(3) 混合住区建设是一个长期的过程

混合住区的目的是采用各种不同的方法消解贫困聚集。其中最重要的是实现并保持不同阶层居民混合居住和共同发展。为了达到这一目的，需要持续性的国家、地区住房政策和更新计划的支持。

参考文献

[1] 林南. 社会资本——关于社会结构与行动的理论. 上海：上海人民出版社，2005

[2] 陆学艺. 当代中国社会阶层研究报告. 北京：社会科学文献出版社，2002

[3] 郑杭生主编. 中国社会发展研究报告2002. 北京：中国人民大学出版社，2002

[4] 蔡禾主编. 城市社会学：理论与视野. 广州：中山大学出版社，2003

[5] 田野. 转型期中国城市不同阶层混合居住研究：[博士学位论文]. 北京：清华大学建筑学院，2005

[6] Smith, Carol J.. Mixed-incoming housing developments: Promise and reality. Cambrige, MA: Joint Center for Housing Studies of Harvard University, 2002

[7] Schwartz, Alex and Tajbakhsh Kian. Mixed Incoming Housing: Unanswered Questions. Cityscape: A journal of policy and development research, 1997 3(2) :71~92

[8] Bryan T. Dounes. Cities and Suburbs: Selected Reading in Local Politics and Policy. Belmont California: Wadsworth Publishing Company, 1971

[9] Sampsom, Robert, Stephen Raudenbush and felton Earls. Neighborhood and violent crime: A multilevel study of collective efficacy. Science, 1997 (227) : 918~924

[10] Kassarda, J. D. City jobs and residents on a collision course: The urban underclass dilemma. Economic Development Quarterly, 1990 4 (4) : 313~319

注释

1 陆学艺对中国当今社会阶层的划分，把十大阶层简单按职业分为五个层次。即上层：国家与社会管理者阶层、经理人员阶层；上中层：私营业主阶层、专业技术人员阶层；中层：办事人员阶层、个体工商户阶层；下中层：商业服务员工阶层、产业工人阶层；下层：农业劳动者阶层和城乡无业、失业、半失业者阶层。从这一分类方式看，混合居住模式是五个层次居民分布较为平均的居住模式。

2. 中国社会发展研究报告2002. 郑杭生主编. 北京：中国人民大学出版社，2002

3. Section 8 Existing Housing program是由美国住房与城市发展部制定的公共住房政策之一。

4. http://www.hud.gov/offices/pih/programs/ph/hope6/about/index.cfm

作者单位：清华大学建筑学院

德国住区太阳能供热技术应用规划设计实例
Applications of Solar Energy Heating in German's Housing District Design

何建清 He Jianqing

潜力与成本

据德国M.N.Fisch教授研究，在采用不同节能措施的工程项目中，零能耗建筑的热价最高，而大型集中太阳能供热的价格仅高于常规的冷凝式燃气锅炉和采用保温隔热措施降低的热价。这说明，经过德国10年的摸索和实践，大型集中太阳能供热系统已经比零能耗建筑、采用透明围护结构（包括采用TIM材料，即透明保温隔热材料）具有明显的市场竞争力。如果考虑到将来德国的节能标准要在原有基础上提高20%的因素，那么大型集中太阳能供热系统的优势将会更加明显。

对于太阳能保证率不同的太阳能辅助区域供热系统来说，太阳能保证率低的系统目前在热价上占有明显优势，即不可片面追求过高的太阳能保证率。图1即显示了M.N.Fisch教授对10%~20%的系统和50%~70%的系统分析的结果，从中可以明显看出太阳能保证率低的系统拥有更大的市场竞争力。

按照短期蓄热设计的大型集中太阳能辅助区域供热系统，在投资和收益平衡上已占有一定优势。其中较大型集中供热系统（集热面积>100m²）的平均成本仅为小型局部系统的1/3，但跨季节蓄热系统的成本仍然高达短期蓄热系统的2倍（图2）。

不论是德国还是整个欧洲，经过系统设计和系统配置优化，经过技术整合和技术完善，以及产品性能提高，待建跨季节蓄热大型太阳能供热系统与已建成同类大型太阳能供热系统相比，在成本上已有较大的下降空间，并有望获得与待建短期蓄热系统接近的投资回报空间（图3）。大型太阳能辅助区域供热系统的发展前景被德国许多城市、开发机构和专业人员看好。

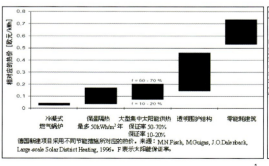

1 德国捌建项目采用不同节能措施所对应的热价。来源：M.N.Fisch, M.Guigas, J.O.Dalenback, Large-scale Solar District Heating, 1996. F表示太阳能保证率。

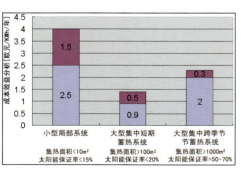

2

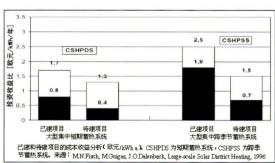

3 已建和待建项目的成本收益分析（欧元/kWh a）。CSHPDS为短期蓄热系统，CSHPSS为跨季节蓄热系统。来源：M.N.Fisch, M.Guigas, J.O.Dalenback, Large-scale Solar District Heating, 1996

1. 德国新建项目采用不同节能措施对应的热价
2. 各种类型成本比较
3. 已建和待建项目的成本收益分析

德国工程范例一览表　　表1

地点／运行时间	集热面积m²	安装／种类[1]	蓄热形式[2]／规模m³／介质／集热与蓄热比例m²/m³	供热对象
汉诺威Hannover—Kronsberg 2000	1350	RM/FP	SS/2750/地下混凝土水箱/1:2	新建筑 低层联排、多层集合
腓特列港Friedrichshafen—Wiggenhausen 1996	2700 (+1550)	RM/FP	SS/12000/地下混凝土水箱/1:2.8	新建筑 多层集合
柏林Berlin Buchholz—West 2001	600	RI/FP	DS/30/水箱/20:1	新建筑 多层叠拼联排
汉堡Hamburg—Bramfeld 1996	3000	RI/FP	SS/4500/地下混凝土水箱/1:1.5	新建筑 联排
内卡苏尔姆Neckarsulm—Amorbach II 1997	5044	RI+RM/FP	SS/25000/地偶管/1:5	新建筑 低层联排、多层集合

1) RI-整体式屋面集热模块或屋面板；RM-集热器屋面锚固；FP-平板型，ET-真空管型；
2) DS-短期（当天）蓄热；SS-长期跨季节蓄热。

2．德国应用大型集中太阳能供热系统工程范例

选取不同地点、不同规模、不同类型的工程范例共5项进行介绍。这5个项目的住宅建筑层数在6层以下，是低层联排和多层集合住宅，居住密度与我国镇住区的情况相当，便于参考和比对分析（表1）。汉诺威Kronsberg项目在《住区》2006年第2期已介绍。

实例1：柏林市Buchholz西区住宅组团

规划：斯图加特STZ/EGS公司
设计：柏林Engel+Zillich设计事务所
太阳能系统运营：柏林市煤气公司（GASAG，Berlin）

组团位于柏林盘口区（Berlin-Pankow），场地呈长方形，由4层叠拼复式联排住宅和办公建筑组成，共有高档住宅44套、办公建筑面积500m²，南北向住宅首层临街设有5个店面（图4）。

整个组团的建筑按低能耗、被动式太阳能建筑规划和设计，设有空气热回收装置。联排住宅建筑耗热量指标40kWh/m²年，比国家节能标准规定还少45%，用热和用电总负荷120 kWh/m²a。

集热面积600m²的"太阳能屋面"（工厂整体预制、现场吊装的太阳能平板集热器），分别安装在两栋住宅顶部，其中440m²朝向东南，160m²朝向西南，集热器安装倾角及波屋面倾角17°。整体屋面板包括承重结构、保温层、两层密封空气间层、集热器和排气孔等部分。在集热面积有限的组团，采用预制整体屋面板，最大限度地利用了屋面可能空间，有效地缩短了现场安装时间（安装100m²集热器仅需2天时间），并且节省了屋面建材，使土建费用减少20%~30%（图5~7）。

组团的供热系统由太阳能集热系统、短期蓄热水箱、双路供热管网、热力站组成，并与当地市政热网相连，2001年开投入使用。

供热系统采用低温运行，供回水温度70℃/40℃。太阳能集热系统只是区域供热系统的辅助热源，负责整个供热系统的预加热。配套设置的短期蓄热水箱，容积为30m³，与回水管道相接（图12）。

热力站另设有冷凝式燃气锅炉，与太阳能集热系统共同供热。生活热水经住宅楼宇热交换站（德国较常采用板式换热器）换热后供应（图8~11）。

太阳能供热系统系统总造价64万马克，其中50%由柏林市政府住房管理部门提供。系统毛投资约合1070马克/m²集热器，净投资约合950马克/m²集热器。

4. Buchholz组团全景。左侧为办公建筑,安装有集热器的2栋建筑为叠拼复式住宅。太阳能热力站设在住宅楼和办公楼连接部位地下,顶部屋面绿化,用作室外活动空间。办公楼与联排住宅3层室外入户平台通过空中走廊连接　来源:德国EGS公司
5.6.7. Buchholz组团上层、下层住户入口和首层底商　摄影:何建清
8.9.10. 热力站供热设备和配套设施　摄影:何建清　王立雄
11. 热力站平面布置示意　来源:何建清根据参观现场绘制草图,聂铭描图
12. Buchholz组团供热原理　来源:德国EGS公司

板式换热器　8

短期蓄热水箱　9

水箱检修梯　10

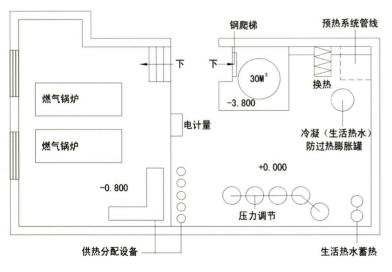
11

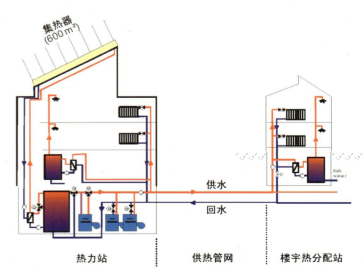
12

13. Bramfeld小区太阳能供热总平面图　来源：Solarstadt
14. Bramfeld小区第1～3组团全景　来源：德国EGS公司
15. Bramfeld小区供热原理　来源：德国STZ/EGS公司
16. 预制大跨屋面板分成18个屋面集热分区域联排住宅屋面完美地结合在一起　来源：UN RPFS-519-STH03030项目
17.18. Bramfeld小区预制大跨屋面板施工中　来源：德国EGS公司

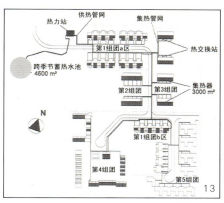

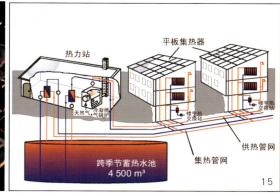

实例2：汉堡市Bramfeld小区

规划：马堡Wagner公司

设计：汉堡H.Phillipi、J.Lupp、V.Sonnenschein、G.zur Nieden

太阳能系统运营：汉堡燃气公司（HGW）

小区位于汉堡市南部，由124套联排住宅组成，总建筑面积14800m²。小区住宅分为5个组团，第1～4组团依次由上述4位建筑师设计。小区住宅主要朝东南，部分朝西南。位于小区西南角的第4组团为生态住宅，东南角的第5组团为私人开发的花园住宅。

小区规划有独立的供热系统，采用集中供热方式供热。供热系统由太阳能集热系统、跨季节蓄热水池、热力站、楼宇热交换站、小区热网组成，1996年投入运行（图13～14）。

小区采暖和生活热水设计成两套系统：每栋住宅的采暖系统均与小区热网直接相连；而生活热水系统则经楼宇热交换站与小区热网连接。基于生活热水供应的最低保证温度60℃考虑，系统供回水设计温度可降低为60℃/30℃。由于所有住宅和热网均有良好的保温措施，整个系统热损失得到有效控制。

生活热水热源即可由太阳能集热系统直接提供，也可由太阳能蓄热水池提供。当太阳能集热系统和蓄热水池的供水温度均达不到供热要求时，热力站的燃气锅炉就会启动供热（图15）。

太阳能集热系统由3000m²的平板集热器构成，分成18个屋面集热区，每个屋面集热区的集热面积在150～250m²。采用预制大跨屋面板，与联排住宅坡屋面完美地结合在一起（图16～18）。从每个屋面集热区获得的热水，一部分就近通过本栋内的楼宇热交换站（采用板式换热器，32kW）换热后，直接为住户提供生活热水，另一部分（多余热量）则送入半地下混凝土蓄热水池进行蓄存。蓄热水池容积4500m³，夏季蓄热水池内温度可高达95℃。由于池壁设有良好的保温隔热措施，可以进行跨季节蓄热，太阳能保证率可多达49%。

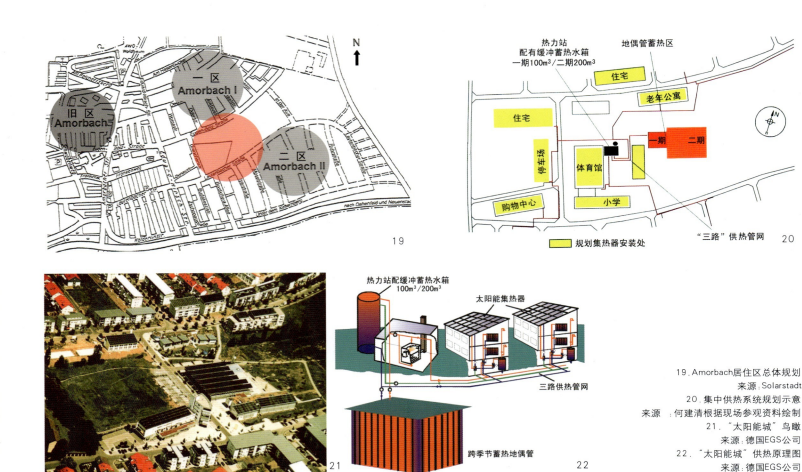

19. Amorbach居住区总体规划
来源：Solarstadt
20. 集中供热系统规划示意
来源：何建清根据现场参观资料绘制
21. "太阳能城"鸟瞰
来源：德国EGS公司
22. "太阳能城"供热原理图
来源：德国EGS公司

实例3：内卡苏尔姆市Amorbach"太阳能城"——欧洲最大的太阳能居住区

规划设计：斯图加特Buero Trostdorf und Partne事务所

太阳能系统运营：内卡苏尔姆市政局

内卡苏尔姆市是德国最重视居住区节能的城市，现有居民27000人。Amorbach"太阳能城"住区位于内卡苏尔姆市郊，是德国"太阳能热能2000"项目的示范工程，曾获"欧洲太阳能——1998德国太阳能大奖(Eurosolar-Deutscher Solarpreis 1998)"。

1991年，内卡苏尔姆市住宅需求增加很快，市政府批出土地，用于建设开发Amorbach新居住区。居住区以"生态居住"为建设目标，一方面将用地周边的农业区、牧场、森林，有机地纳入总体规划，使居住区环境与自然环境融为一体；另一方面在规划和建设中推广应用热电联产、大规模太阳能辅助供热、地偶管跨季节蓄热等技术；同时还在建筑设计中采用低能耗节能住宅设计。居住区还规划有便捷、高效的公共交通系统，减少了小汽车尾气的污染和交通噪声。通过以上措施，Amorbach居住区可减少CO_2排放量80%以上。

Amorbach住区占地51ha，规划总人口4000人。用地划分为西部旧区、北部一区、南部二区3块用地。规划利用一区和二区中间的低洼地，安排公共建筑、配套设施、公共活动场地、绿地，包括太阳能供热设施用地（图19）。

一区于1992年建成，共有住宅600套，多数为联排或双拼住宅，只有16栋6层集合住宅。住宅全部按照当时国家低能耗住宅节能标准设计（集合住宅节能措施见表2）。一区划分为两个供热分区：第一供热分区由1座燃气热电站（供热/发电能力220kW/100kW）和1个400kW燃气/燃油锅炉为250套住宅供热；第二供热分区由太阳能集热系统与1台供热能力1440kW冷凝式燃气锅炉为350户住宅供热，太阳能集热系统用作预加热热源，配有760m²太阳能集热器和20m³短期蓄热水箱，集热器安装在6层集合住宅屋面上，太阳能保证率约占居民生活热水和采暖负荷的12%。

二区即为"太阳能城"项目，规划有住宅、老年公寓、幼儿园、小学、体育馆、购物中心、中央热力站等居住配套服务设施。"太阳能城"分三期进行建设，如今一期和二期工程已建成使用，三期工程正在建设中（表3、图20~21）。

Amorbach"太阳能城"是德国第一个将地源热泵技术与太阳能热水技术相结合，为居住区提供生活热水和采暖的工程实践。大型居住区往往需要一步步建设，不能在短时间内一次完工。地源热泵技术的引入，一方面使太阳能供热系统由以往一次建设到位，变为可分期建设和分期扩容，即随着住宅扩建和用热需求增加，在保证已建成太阳能供热系统正常运行的前提下，实现集热器面积增加与蓄热设施的同步扩容，另一方面也使太阳能供热系统的蓄热能力成倍增加，夏季多余的热量被源源不断地送入地下储存，进而提高了太阳能保证率。

"太阳能城"采用集中供热方式，由1座中央热力站为整个居住区供

一区6层集合住宅建筑节能措施及设计标准表　　　　表2

部位	保温措施	U值
外墙	17.5cm页岩多孔砖加12cm矿棉外保温	
屋面	16cm钢筋混凝土屋面板加20cm矿棉外保温	0.5W/m²K
地下室顶板	钢筋混凝土楼板上下各贴5cm聚苯乙烯保温	
外窗	双层保温玻璃	1.4W/m²K

来源：Solarstadt

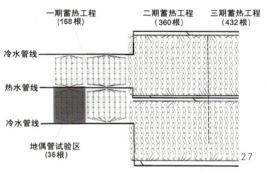

23.小学单坡屋面采用整体屋面板　来源：EU Thermie B
24.25.体育馆平屋面上采用支架安装预制大型集热板　来源：左 EU Thermie B；右 摄影 何建清
26.住宅坡屋面采用整体屋面板　摄影：何建清
27.蓄热地偶管布置图　来源：何建清根据热力站现场资料绘制
28.蓄热地偶管施工中　来源：德国EGS公司
29.中央热力站及缓冲蓄热水箱　摄影：何建清

Amorbach "太阳能城"规划及太阳能+地偶管蓄热项目一览表　　表3

		一期	二期	三期	总计
开发年限		1996~1997	2000—2003	—2010	
住宅	套数	115	116	519	750
	类型	联排/集合	双拼/联排	独户/双拼/联排/集合	——
	建筑面积(m²)	15900	13900	60200	90000
公建		1座老年公寓、1所小学、1座体育馆、1座购物中心	——	1座幼儿园	
集热器安装面积(m²)		2700	3600	5100	12000
地偶管蓄热	数量	168	360	432	960
	容积(m³)	20000	43000	52000	115000
集蓄热比(m²/m³)		1:7.7	1:11.7	1:9.6	1:9.6
供热能力(kW)		930	1890	4830	7650
热负荷(MWh/a)		977	2847	4930	8754
太阳能得热量(MWh/a)		426(1997~1998平均)	1410(2000—2001平均)		
太阳能保证率(%)		43.6	49.5	≥50	
供热系统总投资(欧元)		1526	2465		
		联邦资助1918，欧盟资助384			

来源：根据Solarthermie '2000, EuroSolar, UN RPFS519 STH03030和德国STZ/EGS公司资料整理，1996~2005年数据

热。集中供热系统由太阳能集热系统、中央热力站、楼宇热分配站、跨季节蓄热设施、供热管网组成。供热管网首次采用"三路"体制，采暖热水无需经楼宇热分配站进行热交换而直接供给住户，太阳能集热管道则可以有效地连接起不同场地的集热器，并送入地偶管进行蓄热（图22）。

规划集热器面积15000m²，采用分片、分期建设方式进行规划设计，产品选用专门订制的预制大型太阳能集热板。为保证社区开发能够分期实现，集热器优先选择在公共建筑屋面，其次考虑在住宅屋面布置和安装。其中：小学的单坡屋面上安装整体屋面板，购物中心和体育馆的平屋面上采用支架安装，老年公寓的双坡屋面上用作替代住宅屋面面层，降低了现场组装费用（图23~26）。

规划跨季节蓄热容积115000m³，采用地偶管，布置成阵列模块式，以实现住宅分期开发、集热器分期安装、蓄热模块化扩容的同步进行（图27~28）。根据水文地质条件（粘土和页岩），为不破坏地下含水层，地偶管埋深为30m。为不影响覆土回填后的场地绿化，地偶管之间间距为2m。采用地偶管蓄热，具有预热时间短的优势，但要有一个前提，就是蓄热容积要足够大，最好在50000~60000m³以上。同地下水池相比，地偶管所开挖的土方量小，成本可节省20%~30%。

中央热力站内配有3台每台供热能力为1750kW的冷凝式燃气锅炉，与太阳能热源共同使用（图29）。

太阳能与地源热泵联合供热系统的总投资由集热、蓄热、热力站、楼宇热分配站、管网等设备和敷设费用构成，还包括系统规划设计费用。在总投资中，集热器购置安装费用约占38%，地偶管蓄热的材料和土建费用约占31%，规划设计费用约占9%。

值得一提的是，Amorbach "太阳能城"建设过程中，出现了德国第一个太阳能供热合作社，改变了以往由政府或能源公司投资建设太阳能供热设施的单一格局，私人出资建设太阳能热力站建设的融资行为得到认可和允许。

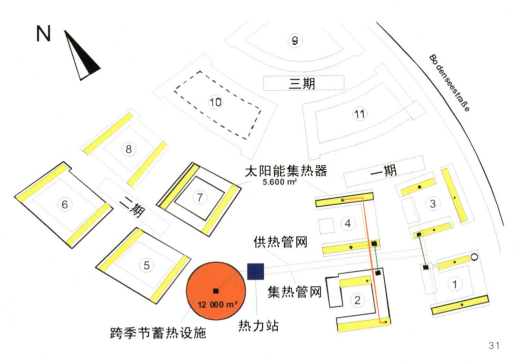

30. Wiggenhausen小区住宅实景
31. Wiggenhausen小区供热总平面　来源：德国EGS公司

实例4：德国腓特列港市Wiggenhausen小区

规划设计：腓特列港F.Hack（1、5、8组团）、拉芬堡D.Radle（2组团）、特兹南Latthy und Schluter（3组团）、腓特列港Jauss und Gaupp（4组团）、梅肯博兰Muller（6组团）、腓特列港Plosser（7组团）

太阳能系统运营：腓特列港市技术局

腓特列港年平均太阳能辐照量1177kWh/m²a，采暖度日数3717。Wiggenhausen小区由三期工程组成，一期和二期已建成，共有8个围合式组团，全部为多层建筑，共有住宅586套，总建筑面积39500m²（图30～31）。小区所有建筑均采用节能设计，建筑耗热量指标控制在55kWh/m²a，比德国"1995建筑节能标准"的规定值还少10～20%（表4）。

住宅建筑节能设计采用的U值　　　　　　　　　　　表4

部位		保温措施	U值
外墙		36.5cm空心砖	0.40W/m²K
屋面	平屋面	20cm聚苯乙烯	0.17W/m²K
	坡屋面	20cm矿棉	
地下室顶板		10cm聚苯乙烯	0.36W/m²K
窗		双层保温玻璃	1.50W/m²K

来源：Solarstadt

小区设计安装太阳能集热器5600m²，其中一期、二期工程安装4250m²。集热器分三种类型安装：一种是整体屋面板，与屋面统一安装施工；第二种是预制装配集热器，在屋面预留支架上锚固连接；另一种是组合单元式集热器，用轻钢结构外挂（图32～33）。

小区供热系统由集热系统、蓄热设施、热力站和供热管网组成，1996年投入运行。其蓄热水池为目前德国最大的跨季节蓄热设施，水池蓄热容积12000m³（图35～36）。系统采用节能的低温供热技术，供热管网供回水温度70℃/40℃。热力站以太阳能和天然气作为主要热源，太阳能保证率47%（图34）。整个系统的总投资平均到每套住宅5600为欧元，以太阳能供热系统的热价0.15欧元/kWh。

参考文献

[1] Norbert.Fisch, Bruno Mows, Jurgen Zieger, SolaStadt, Konzept-Technologien-Projekte, Verlag W. Kohlhammer GmbH，Stuttgart,Berlin，Koln，Kohlhammer,2001，第7～8章内容由北京大学德语系潘璐老师翻译

[2] Boris Mahler, M.N.Fisch, Large Scale Solar Heating for Housing Developments, Thermie A, 2000

[3] M.N.Fisch, M.Guigas, J.O.Dalenback, Large-Scale solar Heating-Status and Future in Europe, EuroSun' 96, 1996

[4] S.Raab, D.Mangold, W.heidmann, Hmuller-Steinhagen, Simulation Study on solar Assisted district Heating Systems with solar Fractions of 35%, ISES solar world Congress 2003, Goteborg, 2003

[5] Jan-Olof Dalenbäck, European Large-scale Solar Heating Network, www.chalmes.se

[6] ITW, Solar Assisted District Heating Pilot Plants with Seasonal Heat Storage, University of Stuttgaart, http://www.itw.uni-stuttgart.de

[7] D.Mangold, Active solar heating systems for urban areas, http://www.itw.uni-stuttgart.de

[8] Werner Weiss, Lex Bosselaar, Hua Li, Tjerk Reijenga, Alex Westlake, Zhu Junsheng, Yang Jinliang, He Zinian and Bart van der Ree, UN RPFS519 STH03030 Global Status Report on the Integration of Solar Heating into Residential Buildings and Implications for the Chinese Market, 2004, the Netherland；中译本名为"太阳能热水系统与住宅建筑一体化的国际实践与中国展望"，2005

热力站和蓄热水池　　从热力站看蓄热水池　　覆土后的蓄热水池

蓄热水池剖面设计　来源 德国EGS公司

32a、32b. 整体屋面板　摄影：何建清
32c、32d. 预制装配集热板及安装支架节点　摄影：何建清
33. 组合单元集热板　摄影：何建清
34a、34b、34c. 热力站内景。德国非常重视热力站的工艺流程设计和设备管线综合，每个热力站或热交换站内部的设备和管道都设计布置得井然有序，管理、监测、维修均十分方便　摄影：何建清
35. Wiggenhausen小区一期鸟瞰。照片下方为太阳能热力站，热力站右侧突出地面的圆形设施即为覆土后的地下跨季节蓄热水池，蓄热容积12000m³　来源：德国EGS公司
36a、36b、36c. 太阳能热力站与蓄热设施　摄影：何建清

作者单位：国家住宅与居住环境工程技术研究中心

发生在都市边缘的改造与新生
——荷兰KCAP建筑规划设计公司住区实践
Renovation and New Development Happening at the Urban Edge
Housing Design Practice of KCAP, the Netherlands

田蕾 刘向东 *Tian Lei and Liu Xiangdong*

荷兰的资源相对稀缺，但是欧盟国家中最富裕的国家之一。高度工业化、集约化的农业与园艺、人口密集的城市为荷兰带来繁荣的同时，也不可避免地产生了环境问题。为了实现可持续发展，荷兰制定了非常完善的环境立法和监督体系，建筑行业作为资源消耗和污染排放的大户，成为关注的焦点之一。在建筑设计建造以及城市规划中注入"可持续开发"观念，在荷兰已经有数十年的历史。

全球气候变暖造成海平面上升，使得荷兰原本就稀缺的土地资源雪上加霜。因此，营建紧凑型城市、在保证较高人居环境质量的同时尽可能提高土地利用率，成为建筑师和规划师面对的重要课题。在荷兰，有很多对城市原有功能区进行更新或是对城市边缘地带、原有工业区等进行再开发的成功案例。这些实践活动，不仅完善了城市形态，提高了土地利用率，而且还常常通过多功能建筑的开发，增加就业机会、调整城市布局。这里介绍的荷兰KCAP建筑规划设计公司几个住区营建的案例，很典型地反映了发生在荷兰城市边缘的改造、更新活动，在其中，我们看不到多么尖端的技术或者新潮的建筑形态，但我们能看到建筑师对历史的尊重与对城市问题的深入思考。

阿姆斯特丹GWL住区

本项目所在场地原来是阿姆斯特丹市政自来水公司GWL的所在地，位置介于工业区和住宅区之间的过渡地带。经过对生态环境的重新培育，GWL被改造成为一个对环境友好、没有汽车的新型住区。由于其强烈的向心性与高密度，GWL以完整、大尺度城市元素的姿态出现在周边的环境当中。在土地改造过程中，考虑了将新的功能与旧的风貌相结合的策略。几栋原水厂留下来的建筑被作为文化遗迹保存，既延续了历史，也成为住区中独特的景观。这个自成一格的住宅小区，成为喧闹都市中的一片绿洲，每户都有自己的花园，居民亲自种植瓜果蔬菜，享受都市中的田园乐趣。

设计人员将本项目定位为无汽车（Car-free）型住区，汽车需要停放在住区周边，而且停车空间的设计基准为0.3辆/每户，远低于阿姆斯特丹通常的1辆/每户的标准。绿化体系的构建深入到邻里单位之中，其中包括住户可以私人使用、为居住单元特别配置的花园。在建筑单体设计中充分考虑了被动式太阳能策略。住区内还拥有自己的热电联产设备（CHP），封闭循环的水管理系统确保了供水的可靠性。建筑采用低环境冲击的材料建造，同时，还采取了中水冲厕、垃圾收集在地下的储藏空间进行预分类等措施。

更为重要的是，住区采用了每公顷100个居住单元的高密度，总计约600个单元，其中包括社会型住宅、残疾人住宅、小型办公兼住宅以及住区活动中心等服务设施。场地的西侧和北侧通过一栋蜿蜒的条形住宅楼进行围合，其高度从南端的4层爬升到东北端的9层。这栋住宅中容纳了大约57%的居住单元，并且构成了外围商业活动与内部住区之间的界限；同时，也使得住区免受冬季西风以及周边干道交通噪声的侵扰。14栋4～5层的住宅楼形成公园式的布局：带有篱笆围合的私人花园的住宅楼矗立在绿岛之上。

住区内的公共空间与绿地也是设计师的着力点。人们可以通过开在街道上的住区入口或是上层的空中走廊进入到开放空间。建筑的红色砖墙与铺地采用的灰色渣砖与周围的植被非常相称。一座建于19世纪的水塔矗立在住区中心，其新的职能是"阿姆斯特丹咖啡馆"，它不仅是整个住区的心脏，也是吸引外界参观者的磁石。

1. GWL住区实景鸟瞰
2. GWL住区鸟瞰
3. GWL住区内保留的建筑物
4. GWL住区进入公共空间的天桥
5. GWL住区中的绿地

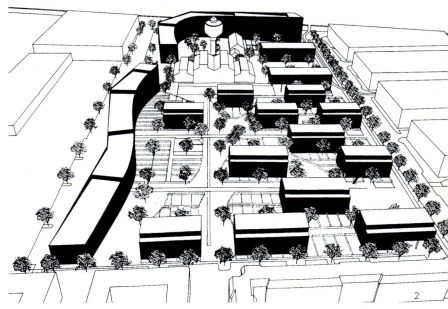

6. 高达市Breevaarthoek住区滨水低层单元
7. 高达市Breevaarthoek住区栈桥

高达市Breevaarthoek住区

Breevaarthoek项目由一栋多层公寓大楼（容纳23个居住单元和2个顶层套房）以及28户带车库的联排别墅组成。此外，还有适量的商业空间。开发的场地位于已经城市化的地段，但是，放眼望去，周围还有泥炭沼泽的景观特质。地段周边由两条公路和一条水道环绕。这个建筑群因此充当了城市与自然、水体与陆地之间的过渡。这一边界条件被作为设计的出发点。项目同时照顾了周围的城市景观与滨水的自然景观。

Breevaarthoek住区占据了高达市郊一块叫做Rutgesterrein的场地，泥炭沼泽与城市交汇在这里，水体和人们居住的半岛彼此交错，构成了这里独特的景观。

场地整体的复杂性——位于兰德斯塔德区都市化的地块与城市"绿色心脏（Green Heart）"的半郊区景观的交汇之处——被利用到设计当中。项目依据周边情况——日照与滨水景观的获取——塑造它的形态，从而很好地适应了环境。通过向水面和水平方向打开景观通道，避免了整体开发的单调性。设计利用了泥炭沼泽水与陆地相间的特殊性，同时也强调了其周边的都市特征。

建筑师利用Rutgesterrein的三角地形，将地块分为三个部分，每一部分容纳一种类型的居住单元。南侧，即三角形朝向公路的短边，一座多层公寓大楼起到了声屏障的作用。三角形的其他两边排列了低层带车库联排别墅。这两条边，一条沿着道路、一条紧贴水岸，分成水上居住单元和花园居住单元两种。景观因素从始至终都被考虑在内（例如水边台阶的木制踏步）。所有的居住单元都能够望得到场地中心的大片芦苇花园。

多层公寓楼堪称这个住区的一副"城市化的面孔"。它的体量经过精心推敲，以使阳光能够到达低层居住单元，同时还打开通向水景的视野。它退台式的立面悬挑在道路上方，增加了立面的都市感。28个低层居住单元强调了这个项目中水的角色。18个滨水单元在朝向水面的一侧采用全玻璃立面。每个单元都有自己的水边栈桥。10个花园单元，每个单元都有自己掩映在芦苇中心公园后面的私人花园。中心花园与私人花园之间的联系步道直接通向栈桥。它们上层的露台提供了越过其他居住单元、朝向水面的视野。低层居住单元中心部位留出的空地保证了阳光能够畅行无阻。

这个项目在形态和材质上都非常结实厚重。虽然含有不同的居住类型和建筑形态，但通过材质的选择，这个项目作为一个整体形成非常统一的格调。同样类型的浅色糙面砖被用在各个地方。所有的窗户都采用木质窗框，除了材料本身的自然色，不再添加其他颜色，使建筑能够融于周围的环境。

8. 高达市Breevaarthoek住区水道一侧的立面
9. 高达市Breevaarthoek住区芦苇公园
10. 高达市Breevaarthoek住区内部
11. 高达市Breevaarthoek住区退台式立面

12. 乌特列支Langerak居住区总图
13. 乌特列支Langerak居住区鸟瞰

14. 乌特列支Langerak居住区牧场与建筑群交错
15. 乌特列支Langerak住区内不同类型的建筑

乌特列支Langerak居住区

Langerak项目是乌特列支区发展计划的第一期，包含了1500个居住单元以及学校设施和一个公园，整个计划将规划30000个居住单元。由于以一套规则和参数取代了某一特定的严苛规划方案，从而诞生了一个建筑师以非同寻常的自由度创作的城市规划作品。从建筑的层面来说，因为项目作为一个整体能够满足预先设定的规则即可，因此多种类型与方式的表达成为可能。

在这个项目的规划图上，我们还能够看到场地上历史的痕迹。这一区域的主要轮廓是通过原有的景观所界定的：地块的划分与朝向依照草场与灌溉渠的边界而定。场地的边界是原先的道路。沿着这些道路的原有建筑散布在新建建筑当中，因而为这些建筑群增加了历史感。场地的主要道路将总平面分成两区：北区是一个建筑较为密集的区域，而南区的原生环境则保留得更多一些。主路北侧原来开发的条状地带被保留下来，但是加入了一些散布的新建筑。新建筑在尺度上有所差别，使得除了住宅之外的其他类型使用功能的建筑也能沿道路生长。例如，这里不仅安排了一个兽医门诊，还有一个银行。由此，使得这一系列的建筑逐渐具有都市感，并随着这一地区人口的增加而得到加强。

主路南侧，自然元素占主导地位。与牧场交错布置的原始地块得到了保留。景观元素的设计表达了历史上土地划分与使用的尊重。从整体来看，大片的独栋住宅形成了一块绿色的地毯，强化了项目的田园氛围。与都市化的北区相比，这一区域的建筑保持低调，采用了为数不多的几种颜色和材质。

使得这个项目总体规划卓尔不群的原因在于，它依赖于规则与参数而不是既定的形态与约束。这个项目采用了允许对空间更为多样化处理的策略，而不是制定一套严格的限制条件。在每个建筑场地，在一套特定的参数之下给予了最大的自由度。其中包括选择交通流线和入口类型的自由、组织场地的自由、建筑类型及其建筑表达的自由。这种弹性激励建筑师发掘出最大的创造性。

从这一意义上来说，规划的策略为参与本项目的建筑师们设置了一个迷局。它引导建筑师们创作的方向而不是企图控制场地的最终形态。最终的成果是一个彼此具有联系的整体，同时，在居住单元层面又具有强烈的个性。

作者单位：田 蕾，清华大学建筑学院
刘向东，海南三亚亚龙湾91003部队

《建筑模式语言》与赖特的小住宅
Pattern Language and Wright's Small Housing

彭 蕾 *Peng Lei*

一、缘起

我喜欢读美国建筑理论家克里斯托弗·亚力山大的著作《建筑模式语言》，作者试图建立起建筑中行为模式与模式语言间的对应关系，它描述了建造各种城镇和建筑物的基本性质，努力去理解建筑过程的本质，即使是一般的公众也可以运用自如。有意思的是作者在有的模式后加了两个星号，它表明这些模式具有某种深刻性和不可避免性，"是一切可能途径的共同特性"[1]；有的模式后加了一个星号，表明这些模式不必全盘照搬，还可以继续完善；有的模式后面没有加星号，即这些模式还没有找到真正不变的特性。这本书的字里行间洋溢着浓浓的人情味，贯穿着"以人为本"的核心思想。

我所喜欢的著名建筑师赖特在他的一生中占绝大多数的作品是住宅。他的许多客户往往会再次找到他设计另外的住宅。在赖特的自传里曾提到有两位客户一度将他设计的住宅出售，过了一段时间又再次将它们买回，"因为他们说他们无法在其他的房子里找到家的感觉。"[2] 这些都无不说明了在赖特设计的住宅里蕴含着人类居住的要义，他深刻地理解人们在自己的家中最需要什么。那么我们就用《模式语言》与赖特的小住宅相互对照，来体会人类居住的本质。

二、赖特住宅作品分析

1. 入口空间

赖特将住宅看作人类的庇护所，在他的作品中住宅入口少有直接面街，而多千回百转；入口内外光线强度亦多变化。这些都来自于人类的本性，就像原始人之于洞穴，他们总是寻找入口隐蔽的山洞，免受野兽的袭击，而进入洞内又多点燃一堆篝火用以取暖、照明，形成安定的家的感觉。

在Heurtley住宅中（图1~2），从街道上要拐两个弯，经过院子和平台才能进入室内。在Cheney住宅中（图3~4），需要拐三次弯才能进门，进门后又要转90°才能看到宽敞的客厅。这些都与模式112所描述的相契合。在这些丰富的入口空间处理中，人们从开敞、明亮的室外进入到相对狭小、昏暗的室内门厅，再由客厅较亮的光线所引导来到宽敞的起居空间，这种光线明暗的交织使得空间的变化更有趣味，这又与模式135相吻合。

模式112：入口的过渡空间☆☆

住宅，在他们内部和街道之间如有一个优美的过渡，比之径直通向大街的房屋要安静得多……人们觉得一个住宅的入口变化和过渡越多，看来就越像住宅……因此，要在街道和前门之间造成一个过渡空间。使连接街道和入口的路径通过这个过渡空间，利用光线的变化、音响的变化、方向的变化、表面的变化、高度的变化，景物的变化，……把这个空间标志出来。

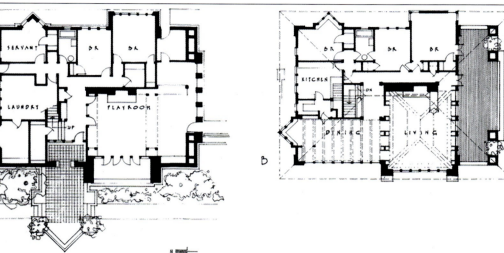
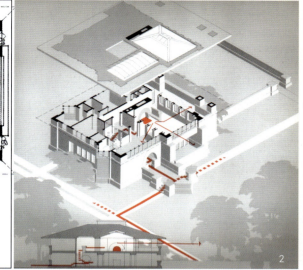

1. Heurtley 住宅，A：一层平面、B：二层平面
图片来源：GRANT HILDEBRAND，"THE WRIGHT SPACE"，UNIVERSITY OF WASHINGTON PRESS
2. Heurtley 住宅分析图
图片来源：GRANT HILDEBRAND，"THE WRIGHT SPACE"，UNIVERSITY OF WASHINGTON PRESS

模式135：明暗交织☆

在一幢光线均匀分配的建筑物里，没有多少"地方"可作为人们活动的有效环境……在整个建筑里要造成明暗交织，这样一来，每当人们走往重要的地方时，他们就会自然而然地向亮处走去。

2．灰空间

模式166：回廊☆

几乎所有的人们的基本生活环境通过回廊都能变得丰富多彩，因此，只要有可能，在每一层楼的建筑边缘——建造游廊、长廊、拱廊、阳台、壁龛、大门外座位、凉蓬、棚架空间等等……

赖特在他的每一座住宅中都将这些灰空间发挥得淋漓尽致，以流水别墅为极致：入口前有凉蓬（图5），起居室外有平台，卧室外既有深达9m的露台，又有3m深的阳台（图6），使人们随时都可出户与自然接触。而对于阳台，赖特亦有深入细致的处理手段。正如模式167所说：

模式167：六英尺深的阳台☆☆

如果一个阳台有足够的空间供两三个人一块坐下，使它们能够伸开腿脚，还可摆上一张小桌，这样的阳台首先是适用的……如果阳台太窄，人们只能朝外坐成一排……因此在建造阳台、门廊或露台时，至少要做成6英尺深。如果有可能，至少使它的一部分向建筑物内凹进，这样它不会悬挂在外面，以一条简单的线同建筑物相隔，还要将它加以部分围合。

在Robie住宅中，联结起居室和餐厅的通长阳台近2m宽，用大面的落地窗相隔，在室内形成一气呵成、通透的视觉效果，因有墙体、坡屋面的限定，从室外看又有凹阳台的效果。而在西面还有一个起居室专有的深达5m的阳台。楼上的三间卧室更有大小、形状不同的专用阳台（图7~8）。

3．室内空间

（1）起居空间

赖特住宅的特色不仅在于它变化丰富的外观，还在于其经典的室内空间，他善于结合建筑空间与各色家具、装饰附件使得居室满屋生辉。

模式181：炉火熊熊☆

要在公共空间……燃起熊熊炉火，使家人围着它谈天说地，也可对着它遐想和沉思。妥善安排壁炉的位置，务使壁炉起到沟通它周围公共空间的作用，使每一个空间都能瞥见熊熊的炉火。

壁炉既是全家人汇聚的焦点，同时它又为个体的沉思提供了绝妙的场所。对于有着强烈的家庭观的赖特来讲，壁炉毫无疑问是他不可或缺的设计元素。赖特曾说："神圣的、个体的民主，全都汇聚在壁炉前。"[3]在伊利诺斯的

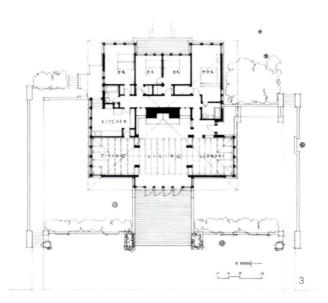
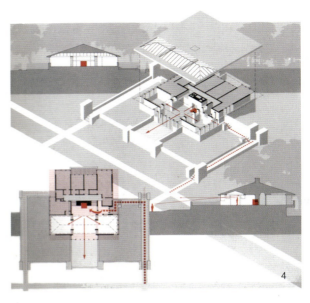

3．Cheney住宅平面图
图片来源：GRANT HILDEBRAND, "THE WRIGHT SPACE", UNIVERSITY OF WASHINGTON PRESS
4．Cheney住宅分析图
图片来源：GRANT HILDEBRAND, "THE WRIGHT SPACE", UNIVERSITY OF WASHINGTON PRESS
5．流水别墅，入口篷架
图片来源：GRANT HILDEBRAND, "THE WRIGHT SPACE", UNIVERSITY OF WASHINGTON PRESS
6．流水别墅平面图，A：入口层平面，B：二层平面，C：三层平面
图片来源：GRANT HILDEBRAND, "THE WRIGHT SPACE", UNIVERSITY OF WASHINGTON PRESS
7．Robie住宅，平面图
图片来源：GRANT HILDEBRAND, "THE WRIGHT SPACE", UNIVERSITY OF WASHINGTON PRESS
8．Robie住宅，剖面分析图
图片来源：GRANT HILDEBRAND, "THE WRIGHT SPACE", UNIVERSITY OF WASHINGTON PRESS

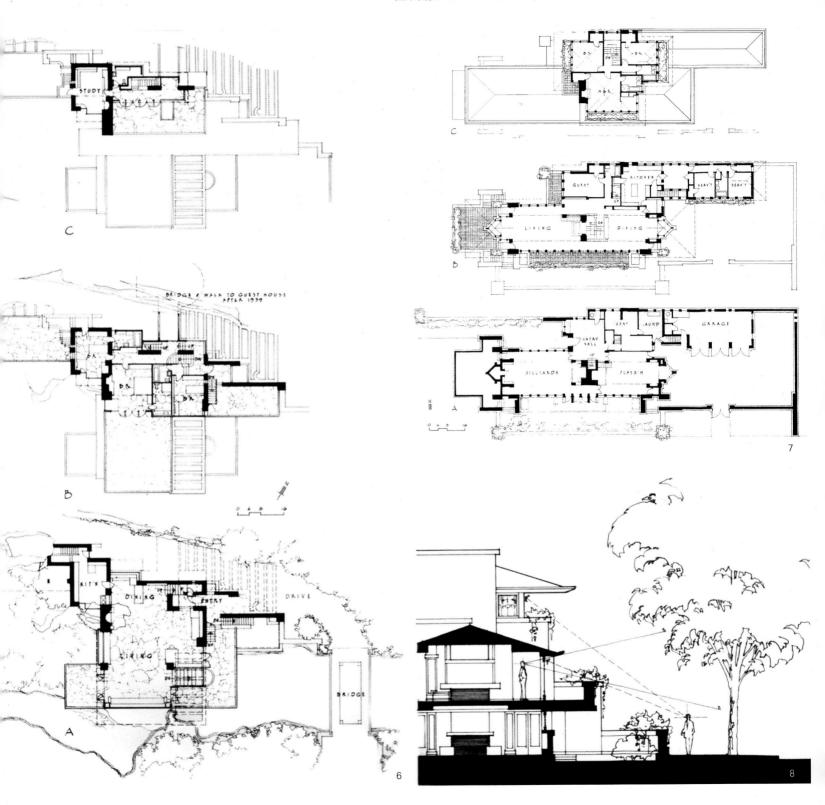

9. 橡树园自宅，壁炉前空间
图片来源：B.B.PFEIFFER，"FRANK LLOYD WRIGHT MASTER BUILDER"，THAMES AND HUDSON LTD，LONDON
10. Winslow住宅，壁炉前空间
图片来源：B.B.PFEIFFER，"FRANK LLOYD WRIGHT MASTER BUILDER"，THAMES AND HUDSON LTD，LONDON

橡树园自宅中（图9），壁炉既与起居室相通，又通过一面布帘划分了一个亲切、私密的与起居室相隔离的一角。在Winslow House中（图10），同样在壁炉旁，赖特采用连续拱券并用三步踏步抬高标高，将壁炉前空间从大的起居空间中划分出来。

赖特不仅喜欢在壁炉前划分小空间，安排他独具特色的炉前座椅，还经常将大的起居室划分成大小不一的空间，以满足家庭成员不同的需要。正如模式179所描述的凹室一样。

模式179：凹室Alcove☆☆

一个有着均匀高度的均匀的房间无法满足一群人的要求。一个房间应在使一群人有机会都聚集在一起的同时，也要使他们有机会在同一空间里一两个人独处……在任何公用房间的边缘设置一些小空间，通常宽不超过6英尺，进深在3～6英尺之间，可能还要小得多。这些凹室应该有足够的大小使两个人能坐下来聊天或玩耍，有时还可以放一张书桌或工作台。

在Alma Goetsch and Katherine Winkler，Isadore J.Zimmerman house中（图11～12），我们都可以看到赖特这种小巧的凹室处理。凹室的设计使起居室这一住宅中最丰富的空间呈现出多样性与层次感。

（2）家具的摆放

赖特喜欢设计家具，他喜欢高高的直线条的座椅靠背，喜欢柔软厚实的坐垫。在摆放沙发、座椅时又有许多随意性。由于人的趋光性，在起居室中，赖特又总是将设计重点放在窗前空间（图13～14）。

模式180：窗前空间☆☆

人们喜欢窗前坐位、凸窗和窗台很低、窗前放置舒适座椅的大窗户……可以设置凸窗、窗前坐位、低窗台、装有玻璃窗的凹室……

模式185：座位圈☆

一批椅子、一张沙发或一张椅子、一摞垫子——这是生活中司空见惯的东西——但要使它们发挥作用，让人们坐在上面兴高采烈，生气勃勃，却是一件巧妙的事情……因此，使每一个座位空间都处于不受干扰的状态，它不在过道上，人们来回走动不会穿过这个地方，座位大体摆成圆圈形……并且不要摆得太规整，使各式各样的沙发、坐垫和椅子都可以随便挪动，这种比较松动的安排会使座位圈显得生动活泼。

模式251：各式座椅

无论何时何地千万不要陈设完全相同的座椅，要选择各种不同的：大的、小的、硬的、软的、有扶手、无扶手、旧的、新的、木质的、布做的……摆满千差万别的各式座椅的环境会造成一种使人感受丰富的气氛；而摆放一模一样的座椅的环境会造成一种微妙的直接限制人们感受的气氛。

11. Winkler住宅平面图
图片来源：GRANT HILDEBRAND,"THE WRIGHT SPACE",UNIVERSITY OF WASHINGTON PRESS
12. Zimmerman住宅平面图
图片来源：B.B.PFEIFFER,"FRANK LLOYD WRIGHT MASTER BUILDER",THAMES AND HUDSON LTD,LONDON
13. 流水别墅，起居室
图片来源：B.B.PFEIFFER,"FRANK LLOYD WRIGHT MASTER BUILDER",THAMES AND HUDSON LTD,LONDON
14. Winslow住宅，窗前空间
图片来源：B.B.PFEIFFER,"FRANK LLOYD WRIGHT MASTER BUILDER",THAMES AND HUDSON LTD,LONDON

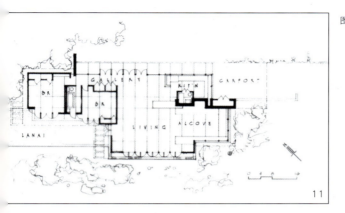

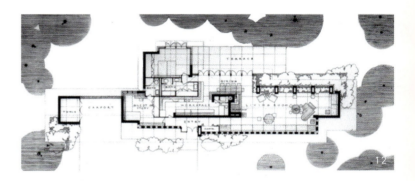

15. Stevens住宅，起居室
图片来源：B.B.PFEIFFER,"FRANK LLOYD WRIGHT MASTER BUILDER",THAMES AND HUDSON LTD,LONDON
16. 塔里埃森Ⅲ，起居室
图片来源：B.B.PFEIFFER,"FRANK LLOYD WRIGHT MASTER BUILDER",THAMES AND HUDSON LTD,LONDON
17. zimmerman住宅，起居室
图片来源：B.B.PFEIFFER,"FRANK LLOYD WRIGHT MASTER BUILDER",THAMES AND HUDSON LTD,LONDON
18. 塔里埃森Ⅰ，起居室
图片来源：GRANT HILDEBRAND,"THE WRIGHT SPACE",UNIVERSITY OF WASHINGTON PRESS
19. Zimmerman住宅，餐厅
图片来源：B.B.PFEIFFER,"FRANK LLOYD WRIGHT MASTER BUILDER",THAMES AND HUDSON LTD,LONDON

20.橡树园自宅，餐厅
图片来源：B.B.PFEIFFER，"FRANK LLOYD WRIGHT MASTER BUILDER"，THAMES AND HUDSON LTD，LONDON
21.橡树园自宅，游戏室
图片来源：B.B.PFEIFFER，"FRANK LLOYD WRIGHT MASTER BUILDER"，THAMES AND HUDSON LTD，LONDON

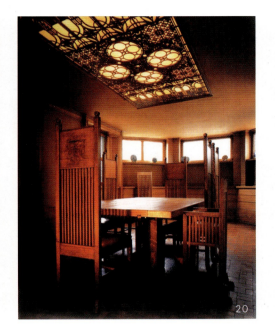

这正好映证了罗素的一句名言："参差不齐才是一种美（图15～17）。"

模式197：厚墙☆☆

住宅如采用预制板、混凝土、石膏、钢筋、铝材或玻璃制成的平滑的硬墙，则毫无个性，且无变动的余地…住宅中的每一件器物使我们了解住在房子里的人…住宅是否有个性，要看墙的构造是否能使每一个新住进去的家庭都在它上面留下自己的标记……随着岁月的流逝，每个家庭都能够以很缓慢的、一点一滴地、不断增加的方式完善自家的墙；墙必须很厚，为了能容纳搁架、柜子、陈设品、特制的灯具、有特色的表面装饰、深的窗洞、壁橱、嵌墙座位、凹角。

模式200：敞开的搁架☆、模式201：半人高的搁架

太深的柜子浪费宝贵的空间，而且你会觉得，你要拿的东西在别的东西的后面……只要你有足够的壁橱、碗柜和搁架，人们就会认为你的居室储藏条件好。但储藏空间的价值不仅在于大小，而且在于存取东西是否容易。这表明，东西应该以"一个深度"放在敞开的搁架上，这样这些东西你都能看得见，储藏起东西来就方便了……家中珍藏的器物和礼品，不管是厨房用品或在别处使用的物品，若一排一排地把它们放在敞开的搁架上，这些美器家珍就会使满屋生辉。

家居生活是多样与丰富的，尤其在起居室里，它是家庭成员汇聚的中心，人们可以在起居室里休息、闲聊、看电视、听音乐、阅读……这种功能的混合正是人类生活多样性的体现。过分强调功能分区反而失去了趣味（图18～19）。

（3）餐厅

赖特自己设计的高高的条板靠背餐椅自从第一次在橡树园住宅中出现以后，就成了他的标签，反复地出现在后来的作品中。赖特认为高靠背椅在餐桌周围可以形成包容的、受保护的空间，将全家人召集在餐桌旁，以加强家庭的凝聚力。在餐桌上方又有赖特称之为"月光"的格子窗灯以加强效果（图20）。

模式182：进餐气氛

当人们在一起进餐的时候，他们会在心灵上真正彼此接近——不然的话他们会感到互不相干。某些空间有一种吸引人的力量，使人们觉得在这里进餐悠闲自得，彼此亲近。最要紧的是，当桌子上方灯光均匀，桌子周围的墙壁上光线的强度也完全一样时，这样的灯光是不会把人们聚集在一起的。

4.儿童的领域

作为六个孩子的父亲，赖特非常清楚什么能使孩子们高兴：玩具、游戏、表演、猜字谜、在炉边讲故事——所有这些因素都被考虑到设计中去。赖特于1889年建造了橡

22. Stevens住宅，东北向外景
图片来源：B.B.PFEIFFER,"FRANK LLOYD WRIGHT MASTER BUILDER",THAMES AND HUDSON LTD,LONDON
23. Laurent住宅，内院
图片来源：B.B.PFEIFFER,"FRANK LLOYD WRIGHT MASTER BUILDER",THAMES AND HUDSON LTD,LONDON

树园自宅，随着孩子们的成长，他于1895年在二楼加建了一间游戏室，其尺度完全从孩子的角度出发"量身定做"：窗台距地面40公分；拱形屋顶直接落在窗户上，窗户的高度对于孩子非常合适，而大人则要弯腰才能看到窗外景色；在壁炉上方，赖特绘制了一幅壁画，取自"一千零一夜"中的"渔夫与妖怪"的故事，绘画风格与他的直线形装饰风格相一致。这间游戏室成了左邻右舍们的兴趣焦点，由于建在二楼，窗外都是树林，给人一种树屋的感觉（图21）。

模式137：儿童的领域☆

如果在儿童们需要的时候，没有空间供他们释放大量能量，他们会疯疯癫癫，把家里人烦个半死…儿童们会利用空间具有的特点——他们看见一个猫儿洞似的空间，就决定玩房子游戏；看见一个高台，他们就打算演戏。因此，无论室内或室外的游戏场所，都需要有不同的高度、小凹角、柜台或桌子等。玩具、服装等物品也应该——敞开陈列在这些地方。

5. 室外空间

模式171：树荫空间☆☆

树木对人类有着十分深远而重大的意义，古树是有典范意义的，在我们的梦境中它常常是完美品格的化身。"……由于……心理成长不能依靠意志力有意识的努力来产生，而是无意识地自然而然地形成，在梦境中它常常以树木为标志，是树木的缓慢的、有力的自然成长塑造出一个特定的模型。"……甚至有迹象表明，树木，同房屋以及人是人类环境的三大基本要素……如果光种植树木和修剪树木，但对树木可能产生的特殊空间不予重视，那么对需要它们的人来说，树木如同废物……我们要根据树木的特性种植它们，使它们形成围合、小树林、向着空地的中心伸展的一些单棵的树木。

在赖特的作品中，我们总是可以看到高大的树木，树木对于我们每一个人的成长都有着重大的意义（图22～23）。

模式140：私家的沿街露台☆☆

房屋与街道的关系往往十分混乱：要么房屋向街道敞开毫不保留私密性，要么房屋背对街道，与街上的活动断绝来往。而就我们本性来讲，我们总是倾向于既有公共性，又有私密性。一幢完美的住宅正是这两者兼而有之：既有住宅的私密性、又能使我们参与公共活动。

赖特对于人的基本需求有着深切的体会，在他的切尼住宅中（图24～25），就精心地处理了私密与公共的关系。住宅基地为一方形用地，赖特将建筑尽量靠后，使最靠近街道的起居室距道路15m。起居室前的露台深8m，用高1.2m的矮墙加以围合。同时将起居室地坪高出街道约2m。经过这一系列的处理，使行人在路上只能看到房间大约2.6m以上的高度。"当行人从人行道往住宅张望时，露台的砖石墙使观望

24. Cheney住宅,剖面
图片来源:GRANT HILDEBRAND,"THE WRIGHT SPACE",UNIVERSITY OF WASHINGTON PRESS
25. Cheney住宅,室外平台
图片来源:GRANT HILDEBRAND,"THE WRIGHT SPACE",UNIVERSITY OF WASHINGTON PRESS

者的视线的最高点落在了露台大门上的精致的铝框玻璃门上部的边缘上。如果屋里的人站在门旁,只有他的头部和肩膀可以模糊看到,要是他坐着,行人则根本看不到他。一方面行人毫无可能侵犯住户的私密性,另一方面住户却有选择的自由,只要他在露台上,或坐或立,因为露台比人行道高出很多,街景就能一览无余。"[4]

三、结语

以上就赖特住宅的室外空间、入口、室内起居空间等对照"模式语言"作了简单的分析。赖特的住宅作品历经大半个世纪有的甚至超过100年,至今仍为居住者所喜爱,是由于他深刻地理解了人类居住的要义,并将这些居住的本质特征反映在作品中。在当前中国大规模的"造房"活动中,重温赖特的作品,有助于我们当代建筑师清醒地认识到居住的本质并力求将其反映到作品中去,让中国大众的居住水平在质量上得到提高,这才是建筑师的责任。

参考文献
[1] 克里斯托弗·亚力山大等. 建筑模式语言. 知识产权出版社,2002
[2] GRANT HILDEBRAND,"THE WRIGHT SPACE",UNIVERSITY OF WASHINGTON PRESS
[3] B.B.PFEIFFER,"FRANK LLOYD WRIGHT MASTER BUILDER",THAMES AND HUDSON LTD,LONDON,1997
[4] Frank Lloyd Wright Monograph(1907~1913),a.d.a edita,tokyo

注释
1. 克里斯托弗·亚力山大等. 建筑模式语言. 知识产权出版社,2002:9
2. GRANT HILDEBRAND,"THE WRIGHT SPACE",UNIVERSITY OF WASHINGTON PRESS:15
3. B.B.PFEIFFER,"FRANK LLOYD WRIGHT MASTER BUILDER",THAMES AND HUDSON LTD,LONDON,1997:14
4. 同1:1377

作者单位:华中科技大学建筑规划学院

过剩就是浪费
Surplus Is Wasting

楚先锋 *Chu Xianfeng*

一般来说，"做不到"、"达不到"都是贬义词，意味着"不合格、不及格"，但是事情做得过了头，一样不好，故有"过犹不及"之说。在日常生活中，这样的事例多得不胜枚举。

计算机的普及给科研、办公以及生产管理带来了极大的便利，将更多的人从一些繁琐和机械的劳动中解脱出来。但是计算机和现代信息系统的运行速度过快，提供的信息量过大，远远超出人的思维速度和人对信息的接受与理解能力。浩如烟海的信息库一方面为我们的工作和生活带来丰富的咨询，另一方面如果信息管理系统跟不上，索引系统不完善就会出现信息混乱的情况，相信大家都有被分类不清、标识混乱的信息索引指引着像瞎猫一样乱撞、浪费许多时间而一无所获的经验吧？这是信息过剩带来的浪费。

在制造业颇具盛名的TPS（丰田生产方式，Toyota Production System）在形成过程中就充分注意到了这种生产过程中的信息过剩和生产过剩问题。它认为过剩的信息是导致生产过剩、程序错乱的原因，所以必须抑制信息过剩。TPS摈弃了以计算机系统传递信息的管理方式，启用"看板"——即让产品本身起到传递信息的作用，借以控制过剩信息和过剩生产的浪费。上下道工序之间通过看板（就是放在塑料袋里的纸卡片）传递生产信息。而看板总是要同实物结合在一起，实物有时候是部件（如发动机）本身，有时候是装部件的运输工具（如台车）。看板上的信息从生产线的最后一道工序向前传递。后一道工序去前一道工序取下一批部件时，顺便将下下一批的"部件需求看板"送到前一道工序上，这样大家得到的生产需求是可视的，是确定的。整条生产线按需生产，每一道工序上都不会发生生产过剩的现象。反过来想一下，如果将每月的生产计划一下子通过计算机系统发送到各工序，各工序就会迅速将部件生产出来，如果计划有调整（根据市场变化调整计划是经常之事），就会出现生产性浪费，造成部件积压。而TPS认为部件积压是生产型企业最大的浪费根源，因为有积压就会出现库存，有库存就必然要建造仓库，有仓库就必然出现仓库和生产现场之间的搬运，还要有仓库的管理，仓库的管理不仅需要人员，还有不断更新仓贮管理等计算机系统，这些都会增加成本，而这些不是生产制造所必需的成本，它就是浪费。这是信息过剩导致生产过剩，从而产生浪费。

日本不仅将避免过剩的概念应用在制造业内，而且将其推广到其他领域，包括建筑行业。我们一提到建筑业，经常会联想到工程质量问题、豆腐渣工程等，一般都是质量不合格，难道还会出现质量过剩不成？其实，在建筑业内也普遍存在着两种质量过剩问题。

关于第一类，我们先看一个实例。我们的住宅建筑设计规范里面要求，建筑物的结构设计年限是50年，而实际

1. 万科在标准化项目上应用的外装工业化部品，包括铝合金门窗、阳台栏杆、楼梯栏杆、成品花池、空调位等
2. 百安居提供的部品材料应有尽有，如四边抽篮、转角盘、洁具、座厕
3. 宜家整体厨房的现场测量图

上屋面防水系统的寿命在10年左右，管线系统一般也不会超过10～15年，内装修更不会是全寿命的。假设我们的建筑用到10年就拆除，管线系统和内装修系统已经到了它使用寿命的尽头，但结构系统却远远没有有效发挥出它应有的价值，我们说相对防水、管线和内装修而言，结构体系的质量是过剩了。于是结构系统质量的剩余部分就造成了浪费，这是系统各组成部分之间的质量不匹配造成了质量过剩，从而造成了浪费。

第二类是设计师担心现场的施工质量不好，所以设计时取很大的保险系数。比如，设计师担心施工现场的钢筋混凝土强度达不到等级，所以在结构计算取的保险系数过大，这就会导致用钢量过大，造成质量的过剩。再比如，设计师担心砌筑外墙或者预埋水管出现渗漏会影响结构体系的质量，使结构体系受到破坏，所以也会考虑增加结构体系保险系数，从而造成质量过剩。实际上这两种情况都是设计的质量过剩造成的浪费。

那么如何避免建筑领域的这种质量过剩造成的浪费呢？

首先应该使各系统本身的质量尽量均衡，使各部分的使用年限尽量趋向一致，但由于受材料和系统的本身特性所限制，各系统之间是不可能达到年限相等的状态的。其次应该使围护体系和设备体系、结构体系分开，以便于使用年限较低的系统能够方便地进行维护、维修与更换，以两倍、三倍甚至更多倍的使用年限去和结构体系的使用年限取得平衡，充分利用结构体系的价值。最后，确保围护系统和管线系统的的施工质量是可控的，能够达到设计要求，就不用再通过提高结构体系的保险系数来保证结构体系的安全性了。

实际上，实现上述要求的途径就是住宅的工业化。具体来说，工业化可以带来如下好处：

一是使住宅各系统的质量尽量取得均衡。

现代住宅的功能日趋复杂，其建造过程中使用的工业制品（构件及设备）越来越多，诸如铝合金成品门窗、成品木门、金属栏杆以及各种管线系统、家用电器、电气设备和卫浴设施，已经在不知不觉中工厂化了，我们到百安

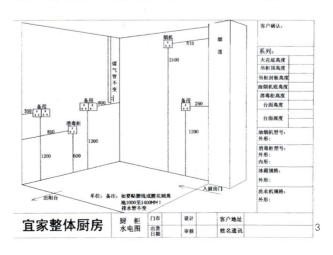

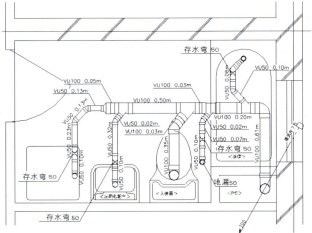

4a. 现场开关、插座及管线开凿情况，造成人力和材料的极大浪费
4b. 入户配电箱处，由于管线密集，120厚的墙被凿透了
5. 工业化的管线在吊顶内（日本实例照片）
6. 中国现状的给排水设计图——卫生间详图
7. 日本的同层给排水设计图——卫生间详图（采用了排水集水器）

排水管坡度2.6% 6   排水管坡度1% 7

居、乐安居之类的建材和装修市场去看看就会大吃一惊。除了上述比较成熟的工业产品以外，正在工厂化进程中的是整体橱柜、衣柜和卫浴柜等，这些固定家具现在都是生产厂家到户内测量尺寸，按照客户的要求设计出图纸，然后在工厂内加工成可现场拼装的构件，最后运到现场进行安装。它们真正实现工厂化的前提条件只差一个了，那就是标准化的户型设计。这些工业化的产品在和其他现场施工的结构主体、围护体系、隔断体系进行组合与连接时，存在预留条件有误差，尺寸有偏差，施工工序有交叉，成品保护措施不力等问题，对这些工业化的产品质量与性能造成损害。未来建筑主体若都采用工业化的方式生产建造，可以在生产阶段即预留好准确的安装条件，遵循先大型构件后小型构件的施工安装工序，进行精确地施工与安装，充分发挥各部品、构件与设备的性能水平，达到尽可能的质量均衡。

二是工业化带来住宅各系统之间的分离。

传统的住宅建造方式是结构梁板柱与外墙屋顶均在现场同时浇筑、砌筑施工，而设备管线会预埋在现浇混凝土里面或砌体结构里面。这种建造方式有以下几个问题：后凿开孔、开洞、开槽进行埋设管线的施工方式对结构主体及围护、隔断系统产生不良影响；天气因素会影响水泥砂浆和混凝土的浇铸质量以及防水、保温材料的施工质量；设备系统的老化、渗漏会对其他体系产生不良影响；对设备体系的维修和更换会对其他体系造成二次破坏等等，这些因素都会使各体系的质量和性能不能得到充分的发挥，从而造成浪费。

而住宅的工业化可以很好地解决上述问题：所有预制构件均可以在工厂预制时预留孔、洞、槽，因为各构件均是工厂预制、可以保证尺寸的精确度，不会出现预留条件对应不上的情况，从而避免现场的开孔、开洞及开槽对住宅整体质量带来的不良影响；由于是在工厂内构件预制，混凝土的养护可采用蒸汽养护，其质量不会再受低温天气的影响，而防水材料和保温材料在工厂内敷设到构件内，也不会再受雨雪天气的影响；设备管线穿过预制构件时会有可拆卸的管套等措施保证其方便地维修与更换，而水平方向则在架空地板及吊顶内实现同层布线，使检修更加方便。不需要再破坏主体结构和围护系统了；同时因为可以方便地维护与检修，可以及时地发现问题、解决问题，也就减少了其老化、渗漏对其他系统带来的不良影响。这样，无论是寿命长还是寿命短，各种体系都能充分发挥自己的性能，在住宅的全寿命周期内，寿命短的体系通过围护与更换来匹配寿命长的系统，从而避免部分系统出现质量的过剩与浪费。

三是工厂里面的质量保证体系能够使围护系统和管线系统的质量得到保证。

传统建造方式的围护系统，尤其是外墙，应用最普遍的是砖混结构的承重外墙和框架结构的填充式外墙，这两种外墙都属于砌块砌筑式的，是由施工现场的建筑工人一

 施工前,做完防水先铺排水主管
 连接屋内排水主管和屋外排水立管
 连接用穿墙套管
 彩色胶粘剂

 五金件固定用MS胶粘剂
 透明管道
 支撑柱和固定用胶粘剂
 配管情况

 支持柱设置情况
 架空板设置情况
 五金件固定情况
 清扫情况

8. 日本采用排水集水器系统的同层给排水试验
9. 现场施工质量问题:(上图)楼梯间的混凝土反坎强度不够,还没有安装防护栏杆就已经被碰碎了,钢筋都露出来了;(下图)楼梯栏杆的安装不合格
10. 现场保护问题:左图安装了窗框护套,右图的护套不知道哪里去了,竹筏直接搭在铝合金窗框上,窗框的滑槽内满是水泥类的建筑垃圾,到工程交工时窗框几乎完全破坏

块一块地砌筑起来的。砌筑式的外墙有很多问题:首先,中国建筑工地上的工人一般都是农民工,都是"放下锄头,拿起抹刀"的情况,没有受到基本的专业技术训练,所以其砌筑的工程质量得不到保证。砂浆配比是否正确;砂浆是否饱满;灰缝是否平直、均匀;防水层、保温层是否连续;均需现场管理人员加强监督,而一旦现场监督松懈或管理人员不到位,就会出现质量问题。另外,建筑工人会由于拖欠工资等问题引发其心理问题,故意或非故意地造成工程质量问题。其次,砌体结构本身就有很大的局限性。一是砌块之间的粘接是否牢固,受砌块的吸水性能、砌筑砂浆的保水性能、砂浆的配比以及施工工艺,如是否将砌块先浸湿、浸湿程度等多种因素的影响。二是房屋整体因地基不均下沉、温度变形、框架变形、地震荷载等因素影响时,砌块之间的粘接力不足以抵抗上述因素所带来的应力时就会产生裂缝。砌体裂缝使饰面层、防水层、保温层开裂,造成饰面层脱落、外墙渗水、保温性能下降,甚至出现坍塌。

住宅的工业化实际上是将现场的大部分工作转移到了工厂里面去完成。工厂的技术工人拥有比现场工人更好的技术背景,也比现场工人拥有更好的生活与工作条件。在较好的工作条件下,具有较高技术能力和良好工作心态的技术工人做出的预制外墙又在工厂的质量管理体系的监督之下,其质量可以得到更高程度上的保证。

另外,整体式外墙没有砌块之间的粘接问题,也从其构造设计方面就解决了墙板与墙板之间的连接与防水问题。饰面层、防水层、保温层在工厂内施工,施工质量有了保证,并且各种不利因素造成的主体应力主要作用于各预制墙板的连接处,预制墙板中间部位不会再出现饰面层脱落、开裂、渗水等问题。外墙的性能和质量提高之后,又对主体结构具有更好的庇护作用,减少温度应力及外部气候因素的不利影响,提高房屋整体的使用寿命,因为房屋的寿命取决于主体结构的使用寿命。这样,我们在设计时就可以考虑合理的使用设计年限,不需要过多地考虑不利因素带来的影响,而过多地提高设计的保险系数,造成质量过剩。

其实,不仅是这些大的方面,只要留心,随处都能发现这些问题,我们要从小处着手。比如,拿一套铝合金门窗来说吧,如果铝合金窗框的使用寿命是30年,而使用了一套进口的五金件使用寿命达到50年,那么这套门窗的五金件的质量就过剩了,因为将来窗框要更换的时候,会将窗整体进行更换的。

总的来说,从建筑技术方面来看,要避免质量过剩问题,需要我们从系统的观点出发,综合考虑各体系之间的质量标准,使之协调匹配。工业化是解决这个问题的有效方法。

作者单位:万科企业股份有限公司创新研究部

栏目名称：社会住宅

栏目主持人：Gerd Kuhn博士

栏目介绍：在这个由德国斯图加特大学的Gerd Kuhn博士主持撰写的专栏中，将会发表一些有关德国及其欧洲邻国的住宅和城市建设的文章。其意图是让中国的读者对欧洲的发展和在这方面所做的讨论有所了解。

这是一个在当今很多地区都存在的问题，即我们如何为低收入者建造新住宅。继承福利住宅的传统社会主义调控模式有多少意义？难道我们今天不能发展出全新的福利住宅改革策略吗？哪些新的生活方式和家庭模式（单身族，老年人等等）主宰着当今社会？又有哪些新的建筑学上的解决办法是能实现的？在城市周边建设大住宅区的风潮过后，今天新的城市建设战略，会受到那段倍受指责的历史的考验。标准的"欧洲城市"图景是现代的"文艺复兴"，还是将来能得以实现的预想？

这也是一些会在后面几期里讨论的观点。在专栏的开始，我们将回顾德国社会福利住宅的历史及其主要特征。紧跟下来，专栏会就德国的"社会福利城市"项目、住宅建设中的地方策略以及新的城市发展道路等主题展开讨论。

In der Kolumne, für die Dr. Gerd Kuhn von der Universität Stuttgart verantwortlich zeichnet, sollen Beiträge zum Wohnungsbau und Stärdtebau aus Deutschland und den europäischen Nachbarländern veröffentlicht werden. Die Absicht ist die chinesischen Leser über europäische Entwicklungen und Debatten zu informieren.

Eine Frage, die sich heute an vielen Orten stellt, ist jene, wie neue Wohnungen für Menschen mit einem niedrigen Einkommen gebaut werden können. Inwieweit ist es sinnvoll noch an die traditionellen, sozialstaatlich regulierenden Modelle des sozialen Wohnungsbaus anzuknüpfen, oder müssen nicht völlig neue Reformstrategien werden heute entwickelt? Die westlichen Gesellschaften sind einem deutlichen sozialen und gesellschaftlichen Wandel unterworfen. Welche neue Lebensweisen und Haushaltstypen (Sigle, alte Menschen, etc.) prägen die Gesellschaft und welche neuen architektonischen Lösungen werden realisiert? Nach dem Großsiedlungsbau am Rande der Städte, der Vergangenheit, der vielfach kritisiert wurde, werden heute neue städtebaulichen Strategien erprobt. Ist Leitbild der "europäischen Stadt", das zur Zeit eine Renaissance erfährt, zukunftsfähig?

德国的福利住宅历史及特征

Welfare Housing Development in German and Its Characteristics

Dr. Gerd Kuhn

目前出现在德国住房市场的巨大变化是值得关注的，它在寻求一种新的居住政策。在城市化和工业化开始了150年后的今天，在德国的一些地区（主要是原东德境内和鲁尔工业区）第一次因为供过于求，出现了一些空宅区。而在其他经济发展区（如法兰克福、斯图加特、慕尼黑）则对新建的廉价住宅有着很高的需求量。这种状况要求我们首先分析福利住宅迄今为止所体现出的优势和劣势，然后在此之上制定出适应时代的居住策略。这期的专栏首先要说明福利住宅在德国的社会背景与结构，理清它的发展脉络。

在德国西部，各政党花了几十年时间制定出了一套基本的住宅政策，50多年的时间人们逐渐将其接受并深入。首先，大众型健康住宅的供应，应该由自由住房市场来承担，只有当市场无法完全负担这个社会责任的时候，才由国家、城市或公共社区出面干预。由于德国在20世纪住房普遍紧缺，因此对私房以外的福利住宅的需求是无需置疑的。它影响着建筑市场的供求平衡，直到纯粹由市场导向的住房经济能够完全负担起住房供应的社会使命。

福利住宅在德国的开始和发展

19世纪后半叶，德国出现了接二连三的巨大变化。短短的十几年中，人们的生活方式就出现了根本性的转变。19世纪中叶，大多数人还在乡村生活，但这种状态到19世纪末却来了个大翻转。在都市化的高峰期，大部分人口都住进了城市。这个自19世纪中期开始，由工业化带来的急速的城市化进程（图1）导致了住房的短缺（住房危机），让住区沦为贫民窟，而受害者正是那些从农村涌入城市的人潮（图2）。

直到一战之前人们还希望不依赖社会的帮助，单靠自由市场来解决住房危机[1]。资本主义的建筑经济在当时是强有力的，资料显示1914年以前住宅的建设量很高；但为低收入者建造的廉价健康住宅却根本不够。因此在一战之前人们就已经开始寻求改革方案了。于是"地方土地政策"开始启动，这一政策借由建筑协会来建设改良住宅区，它的获利是受限的（当时其利润率最多为3%）。这就是现今意义上的福利住宅，它形成于1918年之后魏玛共和国时期。在第一民主共和国的宪法里，针对家庭生活的健康住宅被作为一项权利确定下来，尤其在经济稳定的1924~1930年期间，建造了大量的大众住宅。城市的租用房也在此期间迅速面向社会。社会对住宅的要求有了基本标准，类似于内置厕所、最低住房面积、足量通风等。此外，"标准平面"在此期间也在功能组织与空间结构的基础上发展完善（图3）。许多非集中式低层住宅区，如斯图加特的魏森霍夫住宅区、柏林的胡弗埃森住宅区、德绍的包豪斯住宅区以及法兰克福的罗马城居住区（图4）直到今日还是享誉国内外的现代主义建筑文化的优秀实例。由于住宅要廉价，为降低成本，人们在住宅的合理化和工业化上作

1. 鲁尔区的工业化。埃森市畸形的工厂区和工人住区的景象
来源：Tenfelde: Bilder von Krupp
2. 一战前住宅中的艰苦状况。柏林的一户多口之家住在一间房间里
来源：Geist/ Kürvers，柏林出租房 第一册
3. 法兰克福"社会福利住宅"的现代标准化平面。建筑师，Ernst May，1928年
来源：Gerd Kuhn 自绘

了不同层面的实验与尝试[2]（图5）。

伴随着1929年/1930年的世界经济危机，改良住宅的建设进入了低潮。取而代之的是在城市郊区建设简单的独立小住宅。

在纳粹时期（1933年～1945年），面向社会大众的住宅建设失去了它的意义。当时的意识形态所追求的是放弃大城市的理想，回归到半田园式的居住区模式。那时的住宅都是简单易建的，住宅的花园首先提供自给自足的小农经济。但是理性的专业人士，例如Ernst Neufert清楚地意识到，住房供给问题是不能依靠在郊区建造独户小住宅来解决的。于是针对"工业社会主义的大量租赁住宅"发展了一套纳粹规划战略，这个规划最后当然没能实现。在纳粹时期的尾声即二战末期，数以百万的民众在空袭中丧生，大部分德国城市被毁。

二战后的德国存在着严重的住房危机。其主因是德国大部分城市的地面设施在空战中被毁（很多地面设施毁坏率都介乎50%～90%），同时将近九百万来自东部前德语区的难民涌入德国。在1949年成立的联邦德国（西德）境内，1950年前后的住宅缺额达到六百万户左右。

于是住宅的建设被视作当务之急的首要任务。两德的重建效率都很高。由于建设的高效，在西德，战后（1949年～1978年）新建的住宅量高达一千六百万户，相当于总住宅量的一半多（51.7%）。在东德（民主德国），状况正好相反，1949年以前的老住宅还是占有优势，超出西德三百三十万户（民主德国的老宅所占比例将近43%；而联邦德国近似25%）。

在20世纪50年代和60年代期间，西德私有住房和福利住房每年的建设量总合都保持在50万到60万户之间的水平。这样的建设量，是战前最繁荣时期建设量的两倍。

20世纪50年代，福利租用房占到了住房总量的一半多。随着住房危机的化解，这些社会福利租用房逐步失去了它的意义。在20世纪80年代，住房市场的供求逐渐平衡之后，人们对社会福利房的新建加强了限制。最近的几年里，它只是扮演着次要的角色。在西德，从1950年到2000年，总共只有九百万户左右的社会福利住宅（而这期间的住宅建设总量是两千四百万户）。

德国社会福利住宅的主要特征

在1950年制定的第二部住宅法里规定，由政府资助的福利住宅必须达到一些最起码的建筑标准，比如住宅的面积和必要的设施。社会福利房的业主可以是社会公共福利的建筑公司（非营利性质的），或是私人业主。作为对政府资助的回报，社会福利房的业主必须接受两项限制（束缚）。一项是占有方式（租赁），另一项是最高租金（租金限制）[3]。

租赁限制里还确定了哪些社会群体可以租用社会福利

4. 20世纪20年代的改革住区
4a. 勒·柯布西耶住宅,斯图加特魏森霍夫住宅区,1927年
摄影:Gerd Kuhn
4b. 柏林的胡弗埃森住宅区,建筑师,Bruno Taut 1927年
来源:Müller-Wulckow,住宅建设与居住区
4c. 德骚的包豪斯住宅区,建筑师,瓦尔特·格罗皮乌斯,1928
摄影:Gerd Kuhn

房。这由收入的高低决定。由于福利住宅起初计划是针对各群众阶层的,最初有将近60%的居民需要社会福利房,因此1950～1960年期间的福利住宅区,是各个社会阶层的大熔炉,社会结构较匀质(图6)。

在20世纪70年代和80年代期间,福利住宅要求的收入范围与大众的收入增幅越来越不合拍,于是允许租用福利住宅的社会圈子急剧收缩,只剩下最底层的低收入者。社会福利住宅由此越来越明显地变为社会边缘群体的住宅。其导致的结果就是福利住宅区成为事故和犯罪的多发区。

社会福利房也不单只是外租住宅。对于一些收入稍高的群体,即收入超过第一阶段底线40%,从20世纪60年代末起,进入到福利住宅的第二阶段的群体,他们首要的目标不再是解决住的问题,而是为了持家敛财。

第二个束缚便是"租金约束"。既然是"福利"的,福利房的租金当然不能超过目标人群在经济上所能承受的上限。另外一类,就像英语里说的"Council Housing",它受的租金约束是有时间限制的——当房主还清贷款之后,一般说来是30～35年以后(后来也出现了提前还贷的方式),福利住宅可以从这一约束中解脱出来,进入自由市场,以较高的市场价出租。从这种非持续性约束的特征上

可以很明显地看出:德国的福利住宅作为解决问题的办法,是孕育在特定时期的特定问题之下的。现在对福利住宅的很多限制被解除,随之而来的问题则是:城市没有足够的住宅提供给那些对廉价福利房有需求的人。

社会福利住宅的各个阶段

社会福利住宅对应着不同时期的城市建设与住房政策以及社会的繁荣兴衰,形成了不同的阶段[4]。二战结束之后,住房供给立刻成为首要解决的问题。因此,到20世纪50年代末,在很多城市里都建造了一些低标准的简易住宅(简朴住宅)。与当时的"分区松散城市"的建设思路相应,城市的密度都非常低。因此,这种失败的城市形态受到越来越强烈地批判。从20世纪60年代初到70年代中期,城市的开发建设转移到了城市外环(图7)。

顺着城市建设的口号"以高密度实现城市化",在工业住宅区中,形成了一些高密度、多层数的大型工业住宅区。人们曾经深信,住房短缺经济中存在的居住政策与社会问题,可以通过引进工业化生产的建造方式来解决。在这一信念产生的短暂狂热期之后,幻想破灭了。短短几年期间,社会福利住宅的严重危机便浮现了出来。

首要危机便是质量危机。尽管总的来说住房的技术标准很好，但毫无变化的三居室和不灵活的平面布局，越来越少地为人所接受。增长的购买力、越来越强的个性化、基本的价值浮动、前卫意义的吸引、新的家庭模式（单身族，单亲家庭，合伙租房等等）这些都是社会发展的热门关键词，也形成了新的、各具特色的居住意愿。随之而来的，是从20世纪60年代起发展的，针对这种单调、乏味、无个性的大居住区在城市建设和社会福利角度上的评论与批判。这些批判也针对这类居住区典型的功能划分——即按照居住、工作、交通等功能分割城市。这种类型的大居住区在西德自20世纪70年代中期之后就不再新建了（图8）。与此期间，通过对这类建筑的后期改善，尤其是对住区内的居住环境和基础设施的诸多改进，在前联邦德国（西德）境内，至今保留下了250个大型居住区和其内的五六十万户住宅，带着有缺陷的城市形态、居住形态留下的印记。

东德的社会福利住宅——大型居住区与板式住宅

与之相反的是，在前民主德国（东德），工业住宅区达到了与西德子然不同的规模。自20世纪50年代中期开始，中央统一规划的工业板式住宅就取代了所有其他的住宅模式。在与西德的体制竞争中，东德人想展现独立由国家领导的住宅供应政策可以稳定持久地、以社会主义的方式解决住房需求问题。这一实践被视作是不成功的。

正当在西德对大型住宅区缺乏居住质量的批判成为公众话题之时；在20世纪70年代的东德，伴随着新的串连模式十万多人规模的巨型居住区的出现，板式住宅执着地追求数量的高峰。不仅这类大住宅区的城市设计质量值得怀疑，在自20世纪80年代开始的日益尖锐的经济危机下，板式住宅的建设质量还得忍受诸如积案以久的严重建材紧缺、居住区的设施和居住环境迅速恶化等问题。越来越明显的是人们片面地单有政治积极性，却丝毫不顾及个体的居住权利。老住宅的维护与更新，相对板式住宅的建设被完全冷落在一边；私人住宅只占住宅总量的10%。房租的价格，出于社会主义政策，在整个民主德国时期，不因租房者的收入和开销而有所区别，统一限定在每平方米一马克。其结果便是：租房者的房租负担虽是微乎其微；但东德的住房市场却在1989年两德统一后，带来了上百亿的巨额债务。东德住房经济向市场经济的转型、房租价格与西德水平的接轨都是两德统一之后面临的棘手问题。由于当时错误的供应政策，两德统一后由于经济落差而大量涌向

5. 建筑工业化制造的试验。法兰克福 Prauenheim板式住宅区
来源：Gerd Kuhn，住宅文化
6. 曼海姆市薛瑙区的社会福利住宅，1960年前后来源：75 Jahre GHG
7. Limesstadt 卫星城居住区，法兰克福施瓦尔巴赫区，70年代初来源：Nassauische Heimstätte拿绍人的家园
8. Julius Brecht高层住宅，斯图加特弗莱贝格区
摄影：Gerd Kuhn

9. 科特布斯板式住宅的改造和修复　摄影：Gerd Kuhn

西德的人口迁移，在新的联邦共和国，预计有一百三十万的空置住宅——这是住房政策要花很长时间才能摆脱的灾难（图9）。

社会福利住宅的新方向——从追求数量到追求质量

我们再来回顾一下社会福利住宅在西部一些联邦州的发展。它自20世纪70年代起日益严重的危机不仅仅是居住质量的问题，也是业主资产的问题。突出的矛盾是，它与私房出租最重要的标志性区别——受限房租逐渐消失了，个别的房租甚至变得比自由投资的私宅房租还要贵。

随着战后住房危机的消失，住房市场上的供求平衡，20世纪80年代中期的福利住宅看上去似乎失掉了它历史上的合法地位[5]。当时的联邦政府在它的贸易自由化政策的框架中，很大程度地制定了对社会福利住宅的要求。除此之外，住宅公共福利也被取缔，以此切断了一百年来对低收入人群住宅供给的根源之一。这一公共福利在历史上的原则是住房公司与让穷人受益的非赢利性组织结合，以此作为对政府方面减税的回应。现在，德国自1990年起，采用了住房合作社（非公共福利性的住房公司）的方式，于是它要面对由四百多万失业人口的住房危机引发的愈来愈多

的忧虑。

德国的住房政策，对传统福利住宅的瓦解（确切的说是一种客观的需求）作出的总的反应，是试图通过计算"主观需求"来遵循福利国家的原则，担负照料社会弱势群体的职责。这种主观需求，确切的说是基于不同居住和收入情形的"住宅津贴"，通过国家的资金调拨，提供给有需要的人，以此来平衡市场的不同强度。

在20世纪90年代，连同2001年为人所遗弃的"居住空间要求规范"，是对约束期更短、更贴近市场的住宅供应模式的尝试。一种因地制宜，按照全局战略，贴近问题的微调方式，取代了过去那种僵硬的供给项目。尽管在德国统一前后和20世纪90年代初的城市扩张移民潮时期有着很高的住房需求量，但在20世纪90年代却没有再次出现那种60、70年代单调的大居住区。出于对"欧洲城市"历史图景的向往，人们今日所追求的，是那种密集的、小街区的、各阶层各职业融合在一起的城市结构。

结语

总而言之，对德国社会福利住宅这80年历史的回顾展现了：在就业充分、大量消费占优的时期，德国福利住宅的黄金时代与工业社会的发展和福利社会的发展紧密地联系在一起。由国家调节的供应系统留存至今的形式，已经无法满足需求了，至少现在它已得不到资金支持了。随着从工业化社会到服务与信息化社会的转变，我们现在处于一个开放的转变进程的中间点，这一进程也涉及到住宅建设。

德国形势的独特之处在于：受国家资助的正规住房市场能或多或少地解决部分难题。正因为此，尽管有经济危机和两次世界大战，那些决定性的基础设施最后却还能保持相对有利的经济形势——高增长率和长期的满员就业率。为了保证城市住宅供应的重要设施优先提供给低收入群体，德国花了十几年的时间，发展了受政府支持的"社会福利住宅"。

近十年来经济与社会的发展表明，我们必须发展福利住宅的新战略。

适应时代的住宅，寻求的是居住理念和居住要求的个性化和多元化；这也是德国所期待的民主进程发展带来的结果（人口收缩，老龄化和越来越严重的人口迁移）。除了新建筑以外，有部分新业主，面对在德国各地未来将逐渐失去意义的空宅区，将会加强对现有住宅的改建，使其具有更高的居住品质、更灵活，能更好的适应需求。

注释

1.Zimmermann, Clemens. Von der Wohnungsfrage zur Wohnungspolitik. Göttingen, 1991

Zimmermann, Clemens. 从住宅问题到住宅政策. 哥廷根, 1991

2.Gerd Kuhn. Wohnkultur und kommunale Wohnungspolitik. Bonn, 1998

Gerd Kuhn. 住宅文化与当地的住宅政策. 波恩, 1998

3.Harlander, Tilman: Wohnungspolitik in der Bundesrepublik Deutschland 1965~1995. In: Geschichte der Sozialpolitik in Deutschland seit 1945. Mehrere Bände. Hg. Bundesministerium für Soziales. Baden~Baden, 2005

Harlander, Tilman. 德意志联邦共和国从1965~1995的居住政策. 德国自1945年以来福利政策的历史. 联邦社会福利部. 巴登巴登, 2005

4.Harlander, Tilman. Wohnen und Stadtentwicklung. in: I. Flagge (Hg.). Geschichte des Wohnens Band 5. Von 1945 bis heute. Aufbau-Neubau-Umbau. Stuttgart, 1999

Harlander, Tilman. 居住与城市发展. 住宅的历史第五卷. 第一章. 从1945年至今, 建造——新建——改建. 斯图加特, 1999

5.Gerd Kuhn. Die Wohnungsbaupolitik in West-Berlin vom qualitativen Ausbau zur Marktregulierung 1969~1989. In: Wohnen in Berlin. 100 Jahre Wohnungsbau in Berlin. Hg. v. Berliner Wohnungsbaugesellschaften und der Investitionsbank Berlin. Berlin 1999. S: 116~140

Gerd Kuhn. 西柏林的住宅政策——从质量建设到市场调控1969~1989. 摘自《住在柏林——柏林住宅——百年》. 商业篇"柏林的住宅公司与投资银行". 柏林, 1999: 116~140

* 本文由德国斯图加特大学孙菁芬翻译

作者单位：德国斯图加特大学

Office dA 的建筑实践
Architectural Practice of Office dA

范肃宁 Fan Suning

Office dA建筑事务所成立于1991年，公司设在美国波士顿，主要合伙人为莫尼卡·庞塞·德·利昂（Monica Ponce de Leon）和纳德·特兰尼（Nader Tehrani）。莫尼卡·庞塞·德·利昂和纳德·特兰尼于1997年获纽约建筑师协会的青年建筑师奖，于1999年获波士顿建筑师协会青年建筑师奖等各种建筑奖项。

庞塞·德·利昂出生在委内瑞拉，现在美国定居。她于1989年获迈阿密大学学士学位，1991年获哈佛大学建筑与城市设计硕士学位。现为哈佛大学设计学院副教授，同时还在美国东北大学和迈阿密大学任教。

纳德·特兰尼为波斯人后裔，出生在英国，现定居美国。他于1986年获罗得岛设计学院（Rhode Island School of Design）艺术与建筑的学士学位，1991年获哈佛大学建筑与城市设计硕士学位。他曾在罗得岛设计学院和美国东北大学任教，现在在哈佛大学设计学院任助理副教授，讲授建筑与城市设计的课程。

Office dA事务所的设计项目类型繁多，规模和地区也各不相同，从大尺度的城市设计到城市基础设施，从室内设计到家具设计等诸多领域都有涉及。除了都市环境和城市更新外，Office dA对建筑的建造、细部、新工艺新技术等问题也十分关注。他们总是把每一个项目的独特性——基地的独特性、功能要求的独特性以及材料属性等——看成是创造性设计的催化剂。他们对材料和建造技术的可能性探索常常来源于建筑之外，他们将其视为每个设计的基础。Office dA热衷于材料独特属性的探索，并努力寻找其与传统的和数字化的设计与建造手法之间的关系，最终使每个项目获得高层次的细部设计。事务所的成员们既严谨精密又灵敏感性，这让事务所的项目和作品遍及世界各处——从波士顿到加拉加斯到北京——获得了各种建筑奖项。他们用独特的手法完美结合了当地传统的工艺与全球化的现代科技。

事务所较为著名的作品有：迈阿密热带地区公共基础设施竞赛方案，这一设计于1993年荣获了波士顿建筑师协会的竞赛方案作品奖的第一名。米尔雷德住宅（Mill Road Residence）、卡莎莱雷卡住宅（Casa La Roca Residence）、扎黑迪住宅（Zahedi Residence）以及托莱多住宅（Toledo House）也都曾分别获得1995年、1996年、1998年和1999年

1. 后湖住宅
2. 苏科特住宅
3. 卡莎莱雷卡住宅
4. 米尔雷德住宅

的美国先锋建筑奖。1998年建成的美国东北大学综合神学中心也获得了BSA（波士顿建筑师协会）的设计大奖。2002年Office dA的作品获得了美国文艺学院（American Academy of Arts and Letters）的建筑学术奖。马萨诸塞州韦兰城的总体规划设计，Witte 艺术楼和北京通县艺术中心也分别获得先锋建筑奖。

Office dA对建构、材料、细部等理论问题有着深入的研究，如他们对建筑的表皮与空间的探讨。于此可参见《变形与转译：表面和空间的共生与共赢》[1]一文。这篇文章不仅阐明了他们作品中所表达的空间表皮关系、处理手法等，而且还有理有据地分析了多位建筑大师处理空间与表皮关系的特色及其成败得失，从而使他们的论述更加具有说服力和历史基脉。他们善于创造性地发挥材料特色，从历代大师的手笔中，以及从当地的文化传统中找寻创作的契机。如他们对砖等材料的运用便是在继承了许多优秀建构手法的基础上，再融合先进的建筑理念和技术手法，最终形成了新颖独特的艺术效果。从而让他们的作品在当今的建筑界独树一帜。

理论与实践相结合的设计道路既让他们的理论饱满而不空泛，也让他们的作品超凡脱俗。他们总是能够将处于理论层次的设计方案完美地过渡到实际阶段并使其得到实现。而这种非凡的方案实现能力才是建筑师最难能可贵的品质，也是建筑理论发展的意义所在。

5.6. 扎黑迪住宅平面图
7.8. 扎黑迪住宅模型
9.10.11. 扎黑迪住宅剖面图
12.13. 扎黑迪住宅模型细部
14.15. 扎黑迪住宅楼梯细部构成

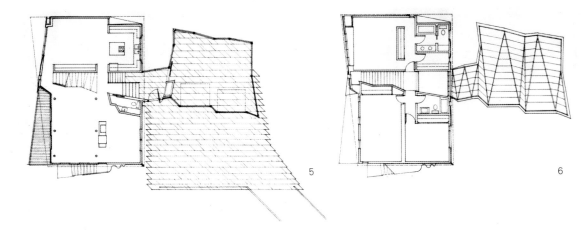

扎黑迪住宅(The Zahedi Residence)
纽约
Office dA 建筑事务所，波士顿

  扎黑迪住宅是一个对现有建筑结构进行外观改造的项目，它利用原有建筑物潜在的品质（结构、交通流线以及空间特性等等）使其焕发新的生机。该设计在木结构框架体系外表附加了一层波纹状的镀锌钢板面层，并将波纹状的皱褶工艺看成是对建筑进行探究和创新的工具。为了使波纹面层原本生硬的工业化质感得到改观，设计者还对波纹板所带来的空间、感官以及形式上的可能性都作了彻底的改变。通过对金属板的处理，使其从原本较为"原始粗犷"的材料变得"柔和而宜人"。波纹在每个转角的处理都遇到了不同的几何和空间问题——在某处，波纹板成为房屋各构建之间的接缝工具；而在其他部位，波纹板又朝着上方开敞，形成另外一些视觉景观。波纹板就像是一层简洁平滑的表皮，将受限的设计元素包裹在内。在设计构建施工时没有对齐的地方以及需要开口的部位，表皮的扭曲都表现出覆面材料的变化。波纹板所产生的某些空间和感官上的变形直接反映了表皮深度层次上的设计条件。虽然波纹板像一层薄纱帘一样裹住了整个已有的建筑物，但它仍然被当成是对建筑的理念、感受、空间重新进行塑造的催化剂。

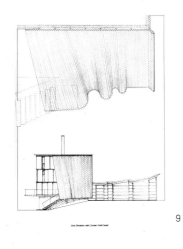
9

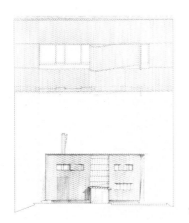
10

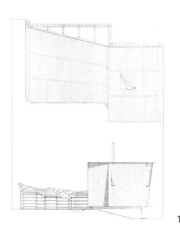
11

12

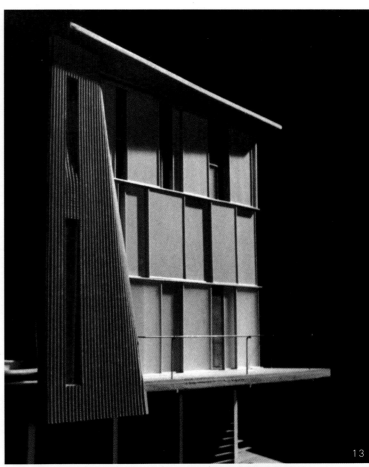
13

14

15

16. 托莱多住宅平面图
17. 托莱多住宅总平面
18. 托莱多住宅外观透视
19.20.21.托莱多住宅空间透视效果图
22.23.托莱多住宅内部空间模块分析
24.25.托莱多住宅剖面图
26.27.托莱多住宅立面图
28.托莱多住宅分析模型
29.托莱多住宅局部放大透视
30.31.32.托莱多住宅砖墙构造细部

托莱多住宅（Toledo House, Bilbao），毕尔巴鄂
Office dA 建筑事务所，波士顿

托莱多住宅坐落在毕尔巴鄂市郊，这里是典型的新兴城乡结合带，因此建筑设计也正是以这样的环境为出发点的——这是以机械交通为主，到处是死胡同，且带有迎合大众口味的"安逸的"折中主义烙印。同时，住宅的建造时期也正值毕尔巴鄂的独特的文化时期，即在一些大型公共项目刚刚建设完毕之后，巴斯克地区正重新获得并恢复其政治身份和地位，这主要应该归功于它对建筑和城市建设方面的投入。

在该项目中，Office dA事务所试图用建筑来反映技术全球化与地方传统工艺之间的相互作用——即利用计算机辅助设计和计算机辅助制造，即CAD (computer aided design) –CAM (computer–aided manufacturing) 有效参与当地传统的砖石建造工艺的榫接设计。通过对巴斯克地区传统的建筑原型——木框架结构内部填充砖石结构——的诠释，Office dA的设计便利用这一复合的建造体系来为新兴的建造文化创造出新型的建筑空间、建筑形态和建构关系。Office dA的设计体系运用激光切割航海专用的水下胶合木板，来搭建支撑结构，并用这种支撑逐步填充起"承重"作用的石板和混凝土砌块空心墙。而正是这种木构支撑使得在摒弃了昂贵而低效率的特殊局部设计工作的条件下，高度复杂的空间与造型关系依然获得了实现的可能。

作者单位：北京市建筑设计研究院

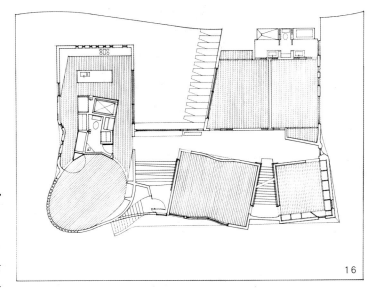
16

17

18

19

20
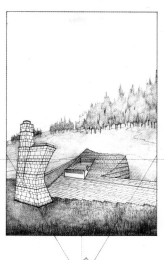
21

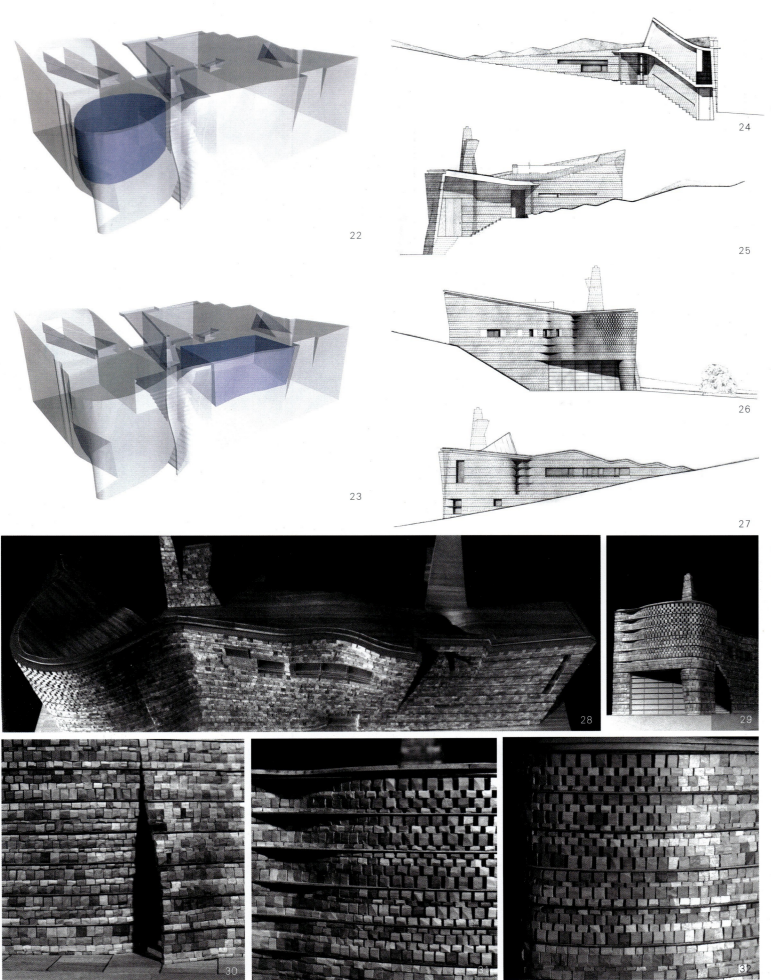

2007年《住区》订阅单

《住区》由中国建筑工业出版社和清华大学建筑设计研究院联合主办。

《住区》为政府职能部门、规划师、建筑师和房地产开发商提供一个交流、沟通的平台，是国内住宅建设领域权威、时尚的专业学术期刊。

新版《住区》，采用230×300mm的国际大16开，全彩印刷，平膜装帧，每期120页左右，定价36.00元。全年6期，共216.00元。欢迎广大业内同仁积极订阅。

订户资料

征订单位（个人）：＿＿＿＿＿＿＿＿＿＿＿＿＿＿＿＿＿＿
联系人：＿＿＿＿＿＿＿＿＿＿　性别：＿＿＿＿　职务/职称：＿＿＿＿＿＿＿＿＿＿＿＿＿
邮寄地址：＿＿＿＿＿＿＿＿＿＿＿＿＿＿＿＿＿＿　邮编：＿＿＿＿＿＿＿＿＿＿＿＿＿
发票单位名称：＿＿＿＿＿＿＿＿＿＿＿＿＿＿＿＿＿＿
E-mail：＿＿＿＿＿＿＿＿＿＿＿＿＿＿＿＿＿　联系电话：＿＿＿＿＿＿＿＿＿＿＿＿＿＿
自＿＿＿年＿＿月至＿＿＿年＿＿月　　　　共计＿＿＿＿期＿＿＿＿＿＿套
合计（大写人民币）＿＿万＿＿仟＿＿佰＿＿拾＿＿元整，（小写人民币）￥＿＿＿＿＿＿＿元
填写日期：＿＿＿＿＿＿年＿＿＿＿＿月＿＿＿＿＿日　您的签名：＿＿＿＿＿＿＿＿＿＿＿＿＿

付款方式

邮购汇款　　　　　　　　　　　　　　　　**银行汇款**
地址：上海市卢湾区制造局路130号1105室　　收款单位：上海建苑建筑图书发行有限公司
邮编：200023　　　　　　　　　　　　　　　开户银行：中国民生银行上海丽园支行
姓名：付培鑫　　　　　　　　　　　　　　　银行帐号：144729042100005999

联系我们

电　话：021－51586235
传　真：021－63125798
联系人：徐　浩

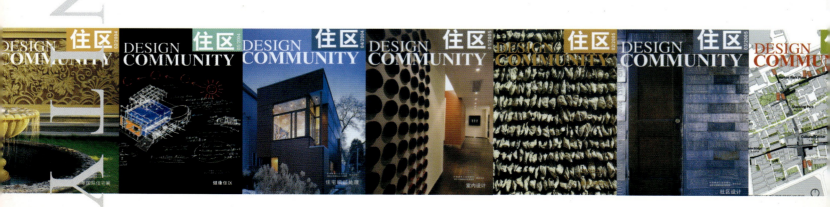